식물의 사생활 훔쳐보기

50년 식물학자의 비밀노트

식물의 사생활 훔쳐보기

초판1쇄 발행
2026년 3월 23일

지은이
강현구

펴낸이
김태영

펴낸곳
씽크스마트 책짓는 집

주소
경기도 고양시 덕양구
청초로 66
덕은리버워크 B-1403호

전화
02-323-5609

출판사 등록번호
제395-313000025
1002001000106호

ISBN
978-89-6529-494-8
(03480)

정가
22,000원

ⓒ 강현구

이 책을 만든 사람들

책임편집
김무영

편집
신재혁

홈페이지
www.tsbook.co.kr
인스타그램
@thinksmart.official
이메일
thinksmart@kakao.com

* **씽크스마트** 더 큰 생각으로 통하는 길

'더 큰 생각으로 통하는 길' 위에서 삶의 지혜를 모아 '인문교양, 자기계발, 자녀교육, 어린이 교양 · 학습, 정치사회, 취미생활' 등 다양한 분야의 도서를 출간합니다. 바람직한 교육관을 세우고 나다움의 힘을 기르며, 세상에서 소외된 부분을 바라봅니다. 첫 원고부터 책의 완성까지 늘 시대를 읽는 기획으로 책을 만들어, 넓고 깊은 생각으로 세상을 살아갈 수 있는 힘을 드리고자 합니다.

* **도서출판 큐** 더 쓸모 있는 책을 만나다

도서출판 큐는 울퉁불퉁한 현실에서 만나는 다양한 질문과 고민에 답하고자 만든 실용교양 임프린트입니다. 새로운 작가와 독자를 개척하며, 변화하는 세상 속에서 책의 쓸모를 키워갑니다. 흥겹게 춤추듯 시대의 변화에 맞는 '더 쓸모 있는 책'을 만들겠습니다.

자신만의 생각이나 이야기를 펼치고 싶은 당신. 책으로 사람들에게 전하고 싶은 아이디어나 원고를 메일(thinksmart@kakao.com)로 보내주세요. 씽크스마트는 당신의 소중한 원고를 기다리고 있습니다.

식물의 사생활 훔쳐보기

50년 식물학자의
비밀노트

<식물의 사생활 훔쳐보기>라는 제목은 참 요염하다. 사람들의 원초적 본능을 자극하는 제목이라 하지 않을 수 없다. 식물에게도 정말 은밀한 사생활이 있을까? 감각도 신경도 뇌조직도 없는 식물에게 과연 무슨 사사로운 활동이 있는 것일까? 땅의 어느 한 곳에 뿌리를 박고 고정된 위치에 붙박여서 그 자리에서 움직이지도 못하는 처지에 놓여 있는 식물이 도대체 무슨 수로 사생활을 즐기고 있다는 말인가. 정말 궁금하기만 하다.

"식물의 삶 엿보기"의 내용을 보면, "식물도 결혼을 하려면 궁합이 맞아야 한다. 중매쟁이를 통해서 맞이할 상대를 골라야 결혼이 이루어지며. 심지어 동성동본의 통혼은 절대로 금지하고 있다."고 하니 이것은 가히 유교적 윤리까지 지키는 것이 식물의 삶이 아니던가. 더구나 자기와 궁합이 맞지 않는 경우에는 생식기관의 구조적 장치를 통해 상대의 접근을 차단한다고 하는 내용은 정말 동물세계의 상황과 조금도 다르지 않음을 알게 한다.

이처럼 동물과 비견되는 성적 구조를 지닌 식물은 그렇다면 과연 성정이 있고 품격이 있는 존재일까? 과거에 우리의 선조들은 식물은 물론 자연의 모든 요소들에게도 그에 걸 맞는 성정과 품위를 부여했다. 소나무는 어떠한 난관에도 굴하지 않는 강직한 성정을 지닌 존재로서 올곧은 기개를 지녀야 하는 선비의 성정을 상징하고 있으며, 사군자로 칭해지는 매화, 난초, 국화, 대나무 또한 굳센 절개를 상징하는 군자의 품격을 부여받은 식물이다.

'식물인문학'이라는 학문분야가 요즈음 새로이 주목을 받고 있다. 과거에 자연과학과 인문학은 전혀 별개의 학문이었다. 자연과학자들은 자연의 물리적 구조와 속성을 규명하는 연구에만 전념했고, 그와 반대로 인문학은 형이상학적 분야에만 천착해 왔다고 할 수 있다. 지금은 학문 간의 통섭이 긴밀하게 이루어지는 시대이다. 이러한 관점에서 볼 때, 식물인문학은 자연과학과 인문학의 통섭을 통해 학문의 지평을 넓히는 매우 유용한 학문이라 할 수 있다.

식물인문학에 깊이 매료되어 있는 저자 강현구는 <식물의 사생활 훔쳐보기>를 통해 식물의 신비스런 자연과학적 세계를 깊이 있고 재미있게 서술하고 있으며, 더불어 식물이 지니고 있는 문화적 상징성을 그의 폭넓은 인문학적 지식으로 다양하게 녹여내고 있다. 자연과학이 물리적 구조와 속성만을 연구하는 형이하학적 학문에서 벗어나 인문학적 소양을 함께 함양할 수 있는 통섭의 학문으로 진화해야 한다는 신념으로 줄곧 일관하고 연구해온 나는 지금 강현구의 식물인문학 <식물의 사생활 훔쳐보기>의 출판에 매우 고무되어 있다.

이 책은 독자로 하여금 읽기에 저절로 빠져들게 하는 마력을 가지고 있다. 식물이 인간에게 주는 다양한 상징과 의미를 기쁨과 슬픔과 추억으로 소환하고, 식물의 성장과 번식과정을 인간의 생활사에 견주어 살펴보는가 하면, 식물에 담겨있는 문화와 역사, 상징과 의미들을 인문학적 관점에서 독자들에게 친근하고 쉽게 읽혀지도록 서술하고 있다.

강현구는 정말 열정적이고 끊기 있게 공부하는 학자이다. 그는 비록 대학이나 연구직에 종사하지는 않았지만 평생을 주경야독으로 일관해온 인사로서, 학문하는 이들이 공부를 어떻게 해야 하는가를 몸소 보여주고 실천하고 있으며, 누구에 견주어 조금도 부족함이 없는 학자이다.

나와 강현구의 인연은 20여 년 전에 맺어졌다. 그가 다소 늦은 나이에 우리 대학, 대학원에서 학위과정을 이수하면서 부터이다. 이미 그 때의 그는 조경분야에 종사한지 오래되었으며, 조경기술사와 자연환경기술사를 모두 보유한 인재였다. 당시에 그의 일상은 매우 바빴지만, 그는 아무리 늦게 퇴근을 하여도 일정한 시간을 정해놓고 매일 습관적으로 공부를 한다고 했다. 그 결과 조경분야의 유수한 자격을 모두 소유한 인재가 되었으며, 그는 그러한 성실함을 바탕으로 공부하는 스터디그룹을 만들어 수많은 조경기술사와 자연환경기술사를 탄생시키는 주역을 맡기도 했다.

그의 공부는 지금도 계속 진행형이다. 특히 그의 식물에 대한 관심은 이미 엄청난 정보의 축적을 이루었으며, 이를 바탕으로 근래에 그는 매우 지명도 있는 유튜버로서도 맹렬히 활동하고 있다. 그의 폭넓은 식물인문학을 토대로 운영되는 유튜브 프로그램 '식물 다큐TV'는 많은 구독자를 보유하고 있으며, 나를 포함한 조경인들은 물론 식물에 관심을 지니고 있는 많은 독자들에게 호평을 받고 있는 인기 프로그램이다.

이러한 프로그램을 제작하기 위해 그는 지금도 식물인문학에 관한 공부를 줄기차게 진행하고 있다. 이제 회갑을 지나 고희를 향해 가는 적지 않은 나이에 이처럼 지칠 줄 모르고 학문에 대한 열정으로 큰 성과를 이루는 만년의 제자에게 진정어린 찬사와 함께 고마움을 깊이 전하고 싶다.

"歲寒然後知松栢(세한연후지송백)"

이글은 논어 자한편의 문장으로 추사 김정희가 그린 세한도의 주제이기도 하다. 이 문장은 온 세상이 흰 눈으로 뒤덮인 겨울 숲의 잎사귀를 모두 떨군 나무들 속에서 매서운 강추위를 견뎌내고 있는 소나무를 상징하는 글이다. 엄동설한을 견디는 '세한송(歲寒松)'은 오히려 그 푸르름의 기상이 더욱 빛을 발한다고 한다. 추사는 제주 대정에서 보낸 10년의 엄혹한 유배기간을 통해 추사체의 필법을 완성하고 해동의 명필로 거듭났다.

<식물의 사생활 훔쳐보기>의 출판으로 강현구의 식물인문학 탐구는 이제 하나의 정류장에 이르렀을 뿐이다. 차갑고 매서운 겨울을 지난 소나무가 더 푸르른 창송의 빛을 드러낸다는 '세한송'의

교훈처럼, 긴 겨울의 인고를 거듭한 저자가 앞으로 더욱 창창한 빛을 발하고, 더더욱 많은 결실을 맺어 가기를 기대한다.

또한 식물인문학의 지평을 넓히는 이 책자를 조경인은 물론 식물분야에 종사하는 전문인을 비롯한 많은 독자들에게 인문학적 소양의 밀알이 될 수 있도록 적극 추천하며, 아울러 이 단행본이 많은 독자들이 즐겨 읽는 소중한 서적으로 자리매김하기를 간절히 소망한다.

(전) 한국조경학회장
한경국립대학교 명예교수
김 학 범

나무는 한자로 木(목)이라고 쓴다. 땅에 뿌리를 내리고 곧게 서 있는 나무의 모습을 형상화한 상형문자로, 여기에 人(사람 인)자를 붙이면 休(쉴 휴)자가 된다.

休는 '쉬다', '편안한 경지에 들어가다'를 뜻한다. 즉, 사람이 나무에 기대거나 나무 그늘 아래 앉으면 편안해진다는 의미가 담겨 있다. 한자 속에는 이미 오래전부터 사람들이 자연 속에서 나무와 숲을 통해 휴식을 얻어 왔다는 지혜가 깃들어 있는 셈이다.

현대인은 매일 바쁜 삶 속에서 각자의 할 일을 수행하며 살아간다. 이렇게 분주한 일상 속에서 진정한 휴식을 얻으려면, 잠시 모든 것을 내려놓고 자연과 함께하는 시간이 필요하다. 나무와 숲속에서 보내는 시간은 단순한 여유가 아니라, 마음을 되돌아보고 에너지를 재충전하는 시간이다.

필자는 어린 시절부터 나무와 꽃, 그리고 자연과 함께 살아왔다. 시골에서 태어나 뛰놀며 자란 경험은 자연에 대한 감수성을 길러주었고, 대학에서는 원예학과 조경학을 전공하며 식물과 인간의 관계를 깊이 공부했다. 40년 넘게 식물과 관련된 일을 이어오고 있으며, 자연과 인간을 연결하는 교양 유튜브 채널인 '식물다큐 TV'를 운영하며 수많은 식물 이야기를 소개해 왔고, 이 책은 그 여정 속에서 쌓인 경험과 지식을 더욱 풍성하게 펼쳐 보이고자 마련한 결과물이다.

기존의 식물 전문서적이나 도감은 학문 용어가 많아 일반인이 이해하기 어려웠고, 식물 관련 인문학 서적은 드물었다. 그래서 2년에 걸쳐 자료와 사진 등을 모으고 다듬었으며, 이 책을 통해 독자들에게 식물의 이야기를 쉽고 재밌게 전하고 싶다.

식물의 사생활 훔쳐보기는 나무와 꽃, 다양한 식물들의 삶과 특성을 인문학적 관점에서 풀어내고 식물에서 파생된 단어, 고사성어, 이름의 유래까지 아우르며 재미있고 쉽게 읽을 수 있도록 구성했다.

첫 번째 장, '식물로 읽는 희노애락'에서는 식물이 인간에게 전하는 의미와 식물 속에 담긴 기쁨, 슬픔, 추억 등을 소개한다.

두 번째 장, '식물의 삶 엿보기'에서는 식물의 성장, 번식, 상생과 협업, 숨어 있는 비밀을 살펴본다.

세 번째 장, '옛 나무에게 듣는 인문학'에서는 나무에 얽힌 역사와 문화, 이야기를 인문학적 관점에서 풀어낸다.

네 번째 장, '식물, 약이 되다'에서는 이름에서부터 약성이 느껴지는 식물들을 소개한다.

마지막 장, '사계절의 주인공들'에서는 계절마다 중요한 나무들을 조명한다.

많은 사람들이 식물에 대해 '움직이지 않고, 생각도 없으며, 감정을 느끼지 않는다'라는 편견을 갖고 있다. 그래서 '식물국회', '식물인간' 같은 부정적 표현이 생겨났다. 하지만 식물의 생존 전략, 주변과의 상생과 협업, 방어와 적응의 과정을 이해하면 다르게 보인다. 식물은 비록 동물이나 인간처럼 눈에 띄는 움직임은 없지만, 자기 방식대로 치열하게 살아가며 생명의 가치를 보여주기 때문이다.

이 책을 통해 독자들이 식물의 삶과 위대함을 이해하고, 편협한 인식에서 비롯된 부정적 단어가 사라지는 날이 오기를 기대한다. 그리고 무엇보다 식물과 함께하는 삶의 즐거움을 발견하고, 자연을 더 사랑하게 되길 바란다.

2026년 1월

강 현 구

··· 목 ····· 차 ···

1장. 식물로 읽는 喜怒哀樂(희노애락)

2장. 식물의 삶 엿보기

3장. 옛 나무에게 듣는 인문학

4장. 식물, 藥이 되다

5장. 사계절의 주인공들

1장.
식물로 읽는
喜怒哀樂(희노애락)

콩
보리

1.
콩과 보리,
분별의 지혜를
가르치다

식물과 관련된 우리말 어휘

국립국어원의 통계에 따르면 우리말 어휘는 약 70만 개가 넘는다고 하며 수많은 단어 속에는 '사랑'이나 '행복'처럼 마음을 따뜻하게 감싸주는 말도 있고, '슬픔'이나 '좌절'처럼 인생의 그림자를 담은 말도 함께 자리한다.

그만큼 언어는 인간의 감정과 경험을 고스란히 품은 살아있는 생명체와도 같은데, 자세히 들여다보면 이 방대한 언어의 숲속에는 유난히 식물에서 비롯된 말들이 많다. '뿌리 깊은 사람'이나 '씨앗을 뿌리다', '꽃 피우다'와 같은 표현처럼 우리는 무의식중에도 식물의 세계를 빌려 우리의 삶을 이야기한다.

그중에서도 '콩'과 '보리'는 오랜 세월 동안 인간의 삶과 지혜 그리고 어리석음과 깨달음을 함께 비춰온 특별한 식물이다. 옛사람들은 콩과 보리를 단순한 곡식으로만 보지 않고 그 속에서 분별의 지혜, 즉 세상을 바르게 보고 옳고 그름을 가릴 줄 아는 지혜를 배웠다. 콩과 보리는 그렇게 오랜 세월 동안 인간의 정신을 일깨워준 스승이자 삶의 근본을 일러주는 자연의 철학서였다.

'쑥맥'이라고 불리는 사람들

"이런 쑥맥 같으니라고!" 눈치 없고 세상 물정을 모르는 사람을 타이르거나 놀릴 때 흔히 쓰는 말이다. 하지만 순우리말일 것 같은

콩   보리

'쑥맥'은 사실 '숙맥(菽麥)'에서 비롯된 한자어다. '쑥'처럼 들리지만, 발음하다 보니 된소리로 바뀐 것일 뿐이다.

'숙(菽)'은 콩을, '맥(麥)'은 보리를 의미하는데 '콩과 보리조차 구별하지 못하는 사람'이라는 뜻이다. 숙맥의 유래는 중국 고전『춘추좌전』에서 비롯되었는데 성리학의 대가 주자(朱子)에게는 콩과 보리를 구분하지 못하는 형이 있었다고 한다. 주자가 콩과 보리를 놓고 아무리 가르쳐도 그 차이를 알아보지 못하자 사람들은 이를 두고 '숙맥불변(菽麥不辨)'이라 부르게 되었는데 그 말이 세월을 거쳐 우리말 '쑥맥'으로 남은 것이다.

결국 쑥맥은 단순히 눈치 없는 사람을 뜻하는 말이 아니라, 세상의 이치를 분별하지 못하는 '어리석음'에 대한 깊은 성찰이 담긴 표현이라 할 수 있다.

오곡 가운데 으뜸인 콩과 보리

작은 씨앗 하나가 흙 속에서 싹을 틔우고 햇살과 바람을 머금으며 자라나는 콩은 두부가 되고 된장이 되고 청국장이 되어 우리의 일상 속으로 스며들며 콩나물로, 콩자반으로, 밥상 위에서 다양한 모습으로 변신하며 우리 밥상에 빠질 수 없는 존재이다.

콩은 작은 몸 안에 생명의 힘과 자연의 정성을 고스란히 간직하고 있는데, 단순히 영양소만 있는 것이 아니라 오랜 시간 기다림의 미학, 손끝의 사랑, 그리고 삶을 이어가는 인내가 녹아 있다.

콩 한 알을 기르고 수확하기까지는 계절의 흐름이 필요하고 그 속에는 한 세대의 노동과 희망이 함께 들어 있기에 콩 한 알은 단순한 곡식이 아니라 작지만 완전한 생명의 이야기인 것이다.

보리 역시 인간의 역사와 함께 걸어온 곡식으로 인류가 농사를 시작한 이후 가장 먼저 우리 곁을 지켜준 문명의 첫 친구이다. 쌀이 귀하던 시절, 보리는 식탁의 중심이었고 가난하지만 서로의 밥그릇을 나누던 시대의 온기를 품고 있었다.

보리밥이 익어가는 구수한 냄새는 1970년대 이전 세대에게 단순한 음식의 향이 아니라 가난하지만 따뜻했던 시절의 기억과 공동체의 온기를 불러오는 냄새이다. 보리는 배고픔을 달래주고, 동시에 사람과 사람을 이어주는 다리이기에 함께 나눈 보리밥 속에는

나눔과 연대의 정신이 스며 있다.

이렇듯 콩과 보리는 단순히 밥상을 채우는 재료가 아니라, 세대를 잇고 생명을 지탱해온 오곡의 근본, 그리고 인간의 삶을 떠받쳐 온 가장 오래된 '철학의 곡식'이었다.

왜 하필 콩과 보리였을까

옛사람들은 수많은 곡식 가운데 왜 하필 콩과 보리를 콕 집어 '숙맥'이라 불렀을까?. 단순히 닮아서 헷갈리기 쉬웠기 때문만은 아닐 것이고 아마도 이 두 곡식이 사람들의 삶과 가장 가까운 자리에서 함께 숨 쉬어 왔기 때문이지 않을까 생각된다.

콩과 보리는 사람의 손을 거쳐 자라나 밥상으로 오르고, 다시 사람의 몸과 삶을 이루는 가장 기본적인 양식이었다. 배고픈 시절에는 생명을 이어주는 구원이었고, 평범한 날들 속에서는 하루의 노동을 견디게 하는 힘이었다. 그만큼 이 두 곡식은 단순한 식재료를 넘어 세대의 기억과 생활의 지혜, 삶의 질서를 함께 품고 있었다.

따라서 콩과 보리를 구분하지 못한다는 말은 단순한 무지나 실수의 문제가 아니었다. 삶의 근본을 헤아리지 못하고, 가장 기본적인 이치조차 분별하지 못하는 상태를 빗댄 말이 되었던 것이다. 먹고 사는 문제와 곧바로 맞닿아 있던 곡식이었기에, 그 구분은 곧 세상을 바라보는 눈과도 연결되었기에 콩과 보리를 택하지 않았을까 생각된다.

작은 씨앗 속에 담긴 삶의 지혜

콩과 보리, 작고 소박한 곡식 속에는 단순한 음식 이상의 의미가 담겨 있다. 한 알의 콩은 기다림과 정성, 세대의 노동을 품고 있으며, 한 이삭의 보리는 배고픔을 달래고 사람과 사람을 이어주는 다리 역할을 했다. 이 작은 씨앗들이 전하는 메시지는 분명하다. 세상을 살아가는 데 필요한 분별의 지혜, 즉 옳고 그름을 가리고 삶의 이치를 읽는 눈이 필요하다는 것이다. '숙맥'이라는 옛말이 단순한 무지가 아니라 삶의 선택과 판단을 돌아보게 만든 이유다. 따라서 콩과 보리는 단순한 곡식이 아니라 세대를 이어주고 인간 존재를 일깨워주는 자연의 스승이다. 작고 평범해 보여도 씨앗 속에는 삶을 이어가는 힘과 지혜가 숨 쉬고 있다.

식물의 떡잎

2.
식물의 떡잎,
미래를 향한
메시지

미래를 향한 첫 약속

식물이 세상에 첫발을 내딛는 순간 가장 먼저 모습을 드러내는 것은 바로 떡잎으로 종자의 껍질을 뚫고 조심스레 솟아오르는 이 연약한 잎은 생명의 첫 숨결이자 새로운 여정의 출발점이다.

떡잎의 수와 모양에 따라 외떡잎식물과 쌍떡잎식물로 나뉘는데 이 떡잎은 단순한 성장의 신호를 넘어 앞으로 이 식물이 어떻게 자라날지를 미리 보여주는 미래의 초상화와도 같다.

옛사람들은 이 작은 잎을 주목하며 삶의 의미를 읽었는데 떡잎이 반듯하고 힘차게 솟아오른 식물은 장차 튼튼하게 자랄 것이라 믿었고 그 모양과 색, 생김새를 통해 사람의 성품이나 운명을 비유하기도 했다. 작은 떡잎 속에 깃든 생명의 가능성은 우리 삶 속에

서도 처음의 방향과 선택이 얼마나 중요한지를 조용히 일깨운다. 떡잎은 말없이 속삭인다. "처음의 숨결이 곧 미래를 그린다."

싸가지와 싹수

"될성부른 나무는 떡잎부터 알아본다."라는 속담은 떡잎이 반듯하고 생기 있는 식물은 대체로 튼튼하게 자라듯 사람도 어릴 때부터 드러나는 품성과 태도가 그의 삶을 결정짓는 씨앗이 된다는 지혜가 담긴 말이다. 또한 우리가 흔히 쓰는 말 중에 "쟤는 참 싸가지가 없어."라는 표현이 있는데 이는 예의 없고 버릇없는 사람을 두고 하는 말이지만, 그 뿌리를 더듬어 올라가면 놀랍게도 앞의 속담과 같이 '싹'에서 비롯된 말이다.

옛사람들은 새로 움튼 싹을 '싹수'라 불렀는데 이 말이 세월을

거치며 지역마다 달리 쓰이다가 '싹아지', 그리고 '싸가지'로 변했다는 것이다. 또 다른 견해에 따르면 '싹'과 '목아지(싹의 줄기 부분)'가 결합된 '싹아지'에서 싸가지'로 굳어졌다고도 한다.

식물에게 있어 어린싹의 줄기, 즉 목줄기는 생명의 통로이자 중심으로 이곳이 병충해나 외부 충격으로 손상되면 뿌리도 잎도 함께 자라지 못하고 성장이 멈춰버린다. 그래서 옛사람들은 "싹수가 노랗다."라는 말로 더 이상 자라지 못할 가능성을, "싸가지가 없다."라는 말로 성장의 기틀을 잃은 상태를 비유했다.

결국 '싸가지가 없다'는 말은 단순히 예의가 없다는 꾸지람이 아니라 '성장의 줄기를 잃은 존재'라는 생명의 은유였다. 싹이 끊기면 생명이 멈추듯, 마음의 줄기를 잃은 사람 또한 자라지 못한다는 경고를 담고 있는 것이다.

떡잎이 전하는 교훈

우리는 하루하루 수많은 사람들과 관계를 맺으며 살아가는데 그 과정에서 누군가의 말에 상처받기도 하고, 때로는 자신도 모르게 누군가에게 실망을 주기도 하며 무심코 '싸가지 없는 사람'이 되어 다른 이의 마음에 작은 상처를 남기기도 한다. 그러나 이 말의 뿌리를 식물에서 찾아보면 단순한 꾸지람이 아니라 삶을 비추는 깊은 통찰이 담겨 있음을 알 수 있다.

떡잎은 생명의 첫 숨결이자 성장의 시작점으로 처음의 방향과 모양이 이후 성장의 길을 결정하듯 사람도 어린 시절의 품성과 선택 그리고 마음가짐이 앞으로의 삶을 만든다. 즉, 떡잎 속에는 "처음의 선택이 곧 미래를 결정한다."라는 자연의 조용한 메시지가 깃들어 있는 셈으로 식물의 사생활을 들여다보면 그 속에서 결국 우리의 삶과 성장의 그림자를 마주하게 된다.

그래서 "싸가지 없다."라는 말속에도 단순한 비난이 아니라 성장의 중심을 잃지 말라는 오래된 자연의 지혜가 숨 쉬고 있는 것이다. 떡잎은 말없이 속삭인다. "처음의 숨결이 앞으로의 길을 만든다."

칡과 등나무의 얽힘

3.
칡과 등나무,
얽힘과
거리두기

갈등, 삶이 얽히는 방식

인간은 태어나는 순간부터 수많은 관계 속에 던져진 존재로서 부모와 형제, 친구와 스승, 동료와 이웃, 그리고 서로 얽히고설킨 이해관계 속에서 우리는 삶을 배워간다. 그러나 모든 관계가 늘 조화롭거나 뜻이 맞을 수는 없다. 생각과 가치관이 다르면 부딪침이 생기고 그 긴장은 곧 갈등으로 이어진다.

'갈등(葛藤)'은 사전에서 '개인이나 집단 사이의 이해관계나 목표가 달라 충돌하거나 적대시하는 상태'라고 정의한다. 하지만 실제 삶 속에서 갈등은 단순히 충돌이 아니라 서로 다른 존재가 부딪치며 배움과 성장으로 나아가는 과정으로, 한 번 생긴 갈등은 쉽게 풀리지 않으며 이해와 배려 없이는 더 깊어질 수 있지만, 그만큼 인간과 인간 사이의 자연스러운 질서와 균형을 보여주기도 한다. 서로 얽히고설킨 줄기와 덩굴에서 사람들은 인간관계의 복잡함과 얽힘을 발견했고 그 속에서 자연스러운 삶의 교훈을 얻었다.

얽히고 설킨 칡과 등나무

'갈등(葛藤)'이라는 단어를 한자로 풀면 '칡 갈(葛)'과 '등나무 등(藤)'으로 이루어져 있는데 두 식물 모두 스스로 서지 못하는 덩굴식물로 살아남기 위해 주변의 나무나 구조물을 감아 올라가며 생존을 이어간다. 그러나 이 둘이 한곳에서 함께 자라면 줄기가 서로 얽히고설켜 마치 풀기 어려운 실타래처럼 복잡한 모양을 만드는데 사람들은 이 모습을 인간관계 속 충돌과 닮았다 하여 '갈등'이라 부르기 시작했다.

재미있는 점은 칡은 야산에서 땅의 기운을 듬뿍 받아 자라지만, 등나무는 산 속에서 모습을 드러내지 않고 대신 정원이나 파고라 아래에서 그늘을 만들며 조용히 살아가기에 두 나무가 함께 있는 모습을 실제로 보기란 그리 흔하지 않다는 것이다.

또한 두 식물과 관련된 재미있는 속설도 있는데 '칡은 왼쪽으로, 등나무는 오른쪽으로 감겨 올라가기에 두 식물이 만나면 더욱 깊게 얽혀 절대 풀리지 않는다는 이야기다. 물론 과학적으로 보면 환경과 지형에 따라 달라질 수도 있지만, 사람들은 그 속에서 인간관계의 복잡함과 맞물림을 읽어냈다.

서로 다른 성향과 방향이 맞물릴 때 만남은 때로 서로를 옭아매는 굴레가 되지만 때로는 함께 성장하고 서로를 지탱하는 계기가 되기도 한다. 칡과 등나무가 보여주는 얽힘과 설킴은 인간과 인간, 삶과 삶이 서로 얽히며 배우고 성장하는 자연스러운 방식을 은유적으로 보여준다. 갈등은 피할 수 없는 현실이지만 그 안에서 우리는 조화와 이해 그리고 성숙한 관계를 배울 수 있다.

사람에게 유익한 칡과 등나무

칡과 등나무는 함께 있을 때 얽힘과 갈등을 상징하지만 각자 따로 놓고 보면 우리에게 다정하고 유익한 존재다. 칡은 땅의 기운을 품은 약초로 뿌리와 잎, 꽃까지 버릴 것이 없는 식물로 옛날 배고픈 시절 칡뿌리(갈근)는 배를 곯던 민초의 생명을 이어준 구황식물이었으며 오늘날에도 갈근탕, 칡즙, 칡차로 사람들의 몸과 마음을 회복시키는 치유의 식물로 사랑받는다. 또한 자줏빛을 띤 칡꽃은 진한 향기로 지나는 사람들의 발걸음을 멈추게 하고 꽃차 애호가들에게 인기가 있으며 꿀벌들을 불러들여 달콤한 꿀을 만나게 하는 등 사람들과 곤충의 생명을 살리는 자연의 선물이 된다.

등나무 덩굴

등나무 꽃

등나무는 칡과는 다른 방식으로 인간을 품는데 봄과 초여름에 보랏빛 꽃송이가 흐드러지게 늘어져 그 아래에 서면 세상 어디보다 평화로운 공간이 된다. 부드러운 향기와 우아한 자태는 사람들의 마음을 달래며 예로부터 부부의 화합과 사랑을 상징하는 나무로 여겨졌다. 등나무의 잎을 달여 마시면 불화가 풀린다고 믿었고, 꽃을 말려 이불 속에 넣으면 사랑이 오래간다고 전해진다.

이렇듯 칡과 등나무는 각각의 자리에서 인간과 자연을 이어주는 조용한 매개자다. 그 존재만으로도 삶 속에 작은 평화와 치유를 선물하며 인간이 자연과 함께 살아가는 의미를 조용히 일깨운다.

가까움이 전부는 아니다

갈등은 인간 삶의 피할 수 없는 그림자로 가정의 오해와 다툼, 부부 간의 불화, 세대 간의 간극, 노사와 지역, 빈부, 이념의 대립 등 모든 관계 속에서 어쩔 수 없이 생겨나는 마찰이다. 심지어 한 사람의 내면에서도 이성과 감정, 욕망과 양심이 끊임없이 부딪히며 작은 전쟁을 벌인다. 칡과 등나무가 함께 얽히면 '갈등(葛藤)'이

되지만 서로 거리를 두면 각각 아름답고 유익한 생명으로 존재하는 것처럼 모든 관계가 가까울수록 좋은 것은 아니다. 때로는 떨어져 있을 때 비로소 조화가 가능하며 적절한 거리두기는 단절이 아니라 공존을 위한 지혜가 될수 있다.

현대 사회는 수많은 관계가 얽혀 있는 거대한 생태계와 같다. 갈등은 피할 수 없지만, 우리가 칡과 등나무처럼 서로의 다름을 이해하고 너무 깊이 얽히지 않으려는 성숙한 태도를 지닌다면 함께 있어도 떨어져 있어도 평화로운 공존의 길을 찾아갈 수 있을 것이다.

인간의 욕망

4.
꽃으로 읽는 욕망,
이런 날만
되게 하소서

식물에서 엿보는 마음의 풍경

인간의 마음속에는 수많은 바람과 욕망이 자리하고 있다. 심리학자 아브라함 매슬로(Abraham H. Maslow)는 이를 단계별로 나누어 설명했지만, 복잡한 이론보다 우리 마음을 직관적으로 꿰뚫는 욕망이 있다. 바로 '좋은 것, 예쁜 것, 맛있는 것을 간절히 갖고 싶은 마음'이다. 식물의 세계 속에서도 이러한 욕망은 생생하게 드러난다. 꽃은 햇살과 물, 흙과 바람을 향해 끊임없이 손을 뻗고 씨앗은 먼 미래를 꿈꾸며 땅속에서 몸을 틀고 기다린다. 인간이 느끼는 갈망과 기대가 식물의 생존과 성장 속에도 담겨 있는 셈이다.

특히 식물과 관련된 사자성어 가운데 듣기만 해도 마음을 설레게 하는 세 가지가 있는데 그것은 바로 욕망과 희망, 그리고 기다림의 풍경을 은유한다. 이제 그 풍경을 따라가며 식물이 말없이 전하는 마음의 소리를 들여다보자.

비단 위에 꽃을 더하다, 금상첨화(錦上添花)

좋은 일에 또 다른 좋은 일이 겹쳤을 때 우리는 흔히 '금상첨화'라 말한다. 말 그대로 "비단 위에 꽃을 더하다."라는 뜻으로 이미 귀한 비단 위에 화려한 꽃을 얹는 순간 눈과 마음이 동시에 기쁨으로 물든다. 금상첨화는 중국 북송 시대 문인 왕안석(王安石)의 시, 즉사(卽事)에 등장한다. 그는 관직을 떠나 강남 남원의 자연 속에서 사계절의 풍경과 사람들의 어울림 속에서 풍류를 즐겼는데 시 속에는 이렇게 적혀있다.

"좋은 모임에서 잔을 비우려 하니,
아름다운 노래가 흐르며 비단 위에 꽃을 더하는구나."

금상첨화

왕안석이 누린 삶은 오늘날 우리가 꿈꾸는 완벽한 하루와 다르지 않다. 부드러운 햇살 아래 꽃 같은 기쁨이 마음속까지 스며드는 순간 사람들은 저절로 중얼거린다. "이런 날만 계속되게 해주소서." 작은 행복이 겹쳐 만들어지는 기쁨, 눈앞의 풍경 속에서 느끼는 평온, 삶이 선사하는 은은한 감동. 바로 그것이 '금상첨화'가 전하는 깊은 의미가 아닐까 생각한다.

복숭아꽃이 흐드러진 이상향, 무릉도원(武陵桃源)

자신이 꿈꾸는 이상향인 지상낙원을 '무릉도원'이라고 부르곤 하는데 이는 도연명(陶淵明)의 도화원기(桃花源記)에서 유래한 말이다.

진나라 시절, 한 어부가 물고기를 잡기 위해 강을 따라 노를 저어가고 있었는데 복숭아꽃잎이 물 위를 떠내려오는 것을 발견했다. 꽃잎을 따라 강을 거슬러 올라가자 만발한 복

복숭아 꽃

복숭아 열매

숭아꽃이 들판을 가득 메운 풍경이 펼쳐졌다. 은은한 꽃향기가 바람을 타고 퍼졌고 그 안에는 소박하지만 평화로운 마을이 자리하고 있었다. 마을 사람들은 전란을 피해 들어와 자급자족하며 살아가고 있었고 욕심과 다툼은 찾아볼 수 없었으며 세상의 번잡함과 소란이 닿지 못했다. 어부는 돌아오는 길에 다시 찾기 위해 표시를 남겼지만, 그 후로는 아무도 그 이상향을 다시 발견하지 못했다고 한다.

오늘날 우리 역시 무릉도원을 꿈꾸며 살아간다. 누군가 나에게 "당신의 무릉도원은 어디인가요?"라고 묻는다면 "고향의 작은 집에서 사랑하는 사람과 자연을 벗 삼아 살아가는 곳. 마음이 편안하고 소소한 행복이 머무는 곳."이라고 대답하고 싶다. 그리고 언젠가는 현실 속에서도 그 이상향과 마주할 수 있기를 마음 깊이 소망해 본다.

달도 숨고 꽃도 부끄러운 미모, 폐월수화(閉月羞花)

아름다움은 시대를 막론하고 인간이 열망하는 가장 강력한 욕
망 중 하나이며 그중에서도 여성의 미모는 고대부터 찬사와 시선
의 중심이었다. "달이 부끄러워 숨고, 꽃이 수줍어 오므라진다." 이
표현은 과장이면서도 동시에 인간이 느낀 감탄의 깊이를 생생히
보여준다.

'침어낙안 폐월수화(沈魚落雁 閉月羞花)'는 중국의 4대 미녀를 뜻하는 고사성어로 서시, 왕소군, 초선, 양귀비의 미모를 찬미하는 표현이다. 서시(西施)는 그 아름다움에 물고기가 헤엄치는 것을 멈추어 가라앉았다고 하여 침어(沈魚)라 칭했고, 왕소군(王昭君)은 기러기가 그녀의 미모에 넋을 잃고 날갯짓을 잊은 채 하늘에서 떨어졌다고 하여 낙안(落雁)이라 부르며, 초선(貂蟬)은 달빛 아래 그 자태가 너무 아름다워 달이 부끄러워 스스로 숨어버렸다는 폐월(閉月)이라 부르고, 양귀비(楊貴妃)는 꽃밭에 들어서자 꽃잎조차 그녀의 미모에 수줍어 오므라졌다고 하여 수화(羞花)라고 불렀다.

비록 전설에 가까운 이야기이지만, 그만큼 인간이 아름다움을 향한 열망을 얼마나 극적으로 느꼈는지를 보여준다. 하지만 아름다움은 단지 외모만으로 완성되지 않는다. 진정한 아름다움은 내면의 진실함과 성품, 그리고 삶의 태도와 함께 어우러져야 한다.

겉모습만 좇다 보면 물고기는 익사하고, 기러기는 추락하며, 달은 숨고, 꽃은 시들어버릴 수도 있다. 아름다움은 감탄의 대상이면서도 동시에 성찰의 거울이 된다. 우리가 바라야 할 것은 눈앞의 화려함이 아니라 마음속에서 피어나는 진정한 빛이 아닐까 생각한다.

욕망, 그 순수한 기도의 언어

앞서 살펴본 세 가지 사자성어 금상첨화, 무릉도원, 폐월수화는 단순한 과장이 아니라 그 속에는 인간이 꿈꾸는 이상, 완벽한 기뼘, 평화로운 공간, 찬란한 아름다움이 오롯이 담겨 있다. 그리고 그것은 단순히 바라서 얻어지는 것이 아니라 삶을 향한 우리의 태도와 마음가짐 속에서 스스로 꽃피우는 것이 될 것이다.

작은 하루 속에서 기쁨을 덧붙이는 마음, 마음속에 흐드러진 이상향을 떠올리는 여유, 그리고 진정한 아름다움이 무엇인지 성찰하는 순간들. 바로 이런 순간들이 우리 삶을 풍성하게 만들고 내면을 환하게 비춘다. 때로는 한 송이 꽃에, 한 모금의 햇살과 바람에 마음이 설레고 세상의 모든 번잡함과 소란이 잠시 멈춘 듯한 평온을 느끼는 순간 우리 마음 깊은 곳에서는 자연스레 작은 기도가 흘러나온다. "이런 날만 되게 하소서."

배고픔의 기억

5.
풀뿌리와 나무껍질,
배고픔이
남긴 기억

배고픔에 아련한 추억

요즘 사람들에게 새해 소망을 묻는다면 단연 '건강'을 첫손에 꼽으면서 운동을 하고, 정기검진을 챙기며, 몸에 좋은 음식을 찾는 모습이 자연스러워졌다. 기름진 육류보다 자연산 채소와 제철 식품이 주목받고 한때 가난의 상징이던 음식들이 오늘날에는 '웰빙 식단'의 주인공으로 다시 태어나는 아이러니한 풍경이 연출되고 TV에서는 텃밭을 가꾸고 제철 먹거리를 즐기는 장면이 큰 인기를 얻는다.

50~60년 전, 우리네 가정에서는 쌀이 귀해 대부분 보리밥을 먹었다. 쌀보리는 비교적 쉽게 밥을 지을 수 있었지만, 겉보리는 단단해 한 번 삶아야 무르게 만들 수 있었다. 어린 시절 채반 위에 널

린 삶은 겉보리를 한 움큼 집어 씹을 때 딱딱하게 굴러다니던 식감은 지금도 아련한 기억으로 남는다. 배고픔 속에서도 그 단단한 보리 알갱이 하나하나에 작은 위안과 만족이 담겨 있었다.

초근목피, 배고픔을 견디던 마지막 음식

가난을 상징하는 사자성어로 '초근목피(草根木皮)'가 있는데 말 그대로 풀뿌리와 나무껍질이라는 뜻으로 어려웠던 그 시절을 그대로 반영한 말이다. 요즘 아이들에게 이 말을 들려주면 이해할 수 없다는 표정을 짓지만, 1960년대만 하더라도 봄철, 즉 '춘궁기'에는 식량이 바닥나 사람들이 풀을 캐고 나무껍질을 벗겨 삶아 먹으며 버텼다.

초근(草根), 즉 풀뿌리로는 칡의 뿌리인 '갈근'과 띠의 뿌리인 '백모근'이 대표적인데 칡뿌리는 씹을수록 즙이 배어 나와 귀한 간식이 되었고 지금도 갈근즙이나 생칡으로 건강식품이 만들어진다. 띠뿌리는 들판이나 논둑에서 쉽게 캘 수 있었고 부드러우면서 단맛이 있었다.

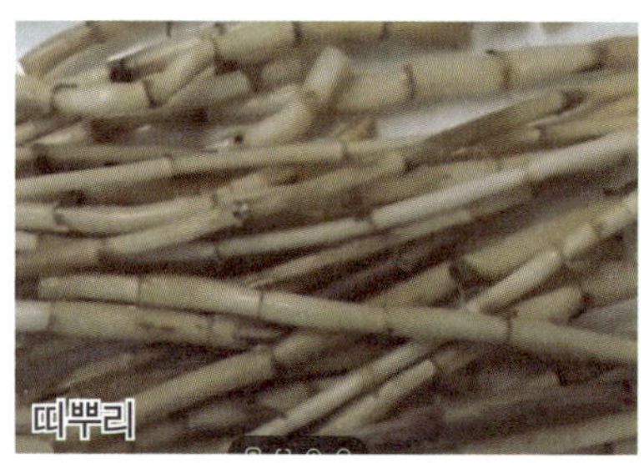

아이들은 봄철에 '삘기'라 불리는 띠의 꽃대를 꺾어 껌처럼 씹으며 놀았는데 그 맛과 향은 어린 시절 기억 속에 선명하게 남아있다.

목피(木皮), 즉 나무껍질은 가장 흔하게 보이는 소나무 껍질을 먹었다. 소나무 가지의 껍질을 벗기면 하얀 속껍질인 '송기'가 드러나는데 영양은 거의 없지만, 배고픔을 견디기 위해 먹었다. 그 시절 '똥구멍이 찢어지게 가난하다'라는 말이 생겨난 것도 이 때문인데 소나무 껍질은 먹으면 소화가 잘되지 않았고 심지어 섬유질로 이루어져 변비가 생기고 심하면 일을 볼 때 항문이 찢어져 피가 나오는 등 배변이 어려웠는데 그 시절의 안타까운 실상을 표현한 말이다.

풀뿌리 하나, 나무껍질 한 조각에도 눈물과 감사가 담겼던 시절로 사람들은 그렇게 자연이 내어준 것에 기대어 하루하루를 이어갔다. 배고픔 속에서 살아온 그들의 이야기는 단순히 가난의 기록이 아니라 결핍 속에서도 삶을 포기하지 않았던 인간의 의지이자, 오늘 우리가 누리는 풍요가 결코 당연하지 않음을 일깨워주는 살아 있는 역사다.

가난의 음식이 오늘의 건강식이 되다

해방과 전쟁의 격랑을 지나던 시절의 음식은 선택이 아니라 생존 그 자체였다. 하지만 배고픔을 견디기 위해 먹었던 그 음식들이 이제는 아이러니하게도 식탁 위에서 건강과 맛을 함께 주는 음식으로 다시 돌아왔다.

쌀이 귀하던 시절 주식이었던 보리밥은 요즘 사람들이 찾아다니며 즐기는 건강식이 되었고, 들판의 풀뿌리는 냉이나 씀바귀 같은 봄나물로 인기를 얻고 있으며 칡은 즙이나 약제로 우리의 몸과 마음을 치유하는 건강식이 되었다.

그 시절의 가난을 상징하던 음식들이 오늘날 몸을 살리고 마음을 위로하는 건강식으로 재탄생한 것은 인간이 자연과 더불어 살아온 지혜와 결핍 속에서도 꿋꿋이 삶을 이어온 기억이 함께 만들어낸 선물이다.

배고픔이 남긴 감사의 마음

지금은 선택의 여유가 있는 시대지만 한때는 단지 살아남기 위해 먹어야 했던 시절로 풀뿌리 하나, 나무껍질 한 조각에도 눈물과 감사가 담겼던 그 시절을 우리는 결코 잊어서는 안 된다. 배고픔이

남긴 기억은 단순한 고통이 아니라 그것은 삶의 소중함과 일상의 가치를 일깨워주는 선물이며 오늘 우리가 누리는 건강과 풍요, 그리고 사소한 것에도 감사할 줄 아는 마음은 모두 그 기억 위에 피어난 것이다.

한 줌의 풀뿌리나 한 조각의 나무껍질에도 담겼던 절실한 생명력과 희망을 떠올리며 오늘을 살아가는 우리의 마음 또한 조금 더 풍요로워지고 삶의 깊이를 느낄 수 있다. 그 감사의 마음이야말로 배고픔이 남긴 가장 아름다운 흔적이다.

고추

6.
씨앗의 역설,
터미네이터 종자의
명과 암

고추밭에서 배운 생명의 순환

한여름 땡볕 아래 고추를 수확하던 어린 시절의 기억이 아직도 선명하다. 땀으로 흠뻑 젖은 몸과 고추 특유의 매운 향 때문에 숨이 턱 막히던 순간 갑작스러운 소나기를 피해 마당에 널어둔 고추를 허둥지둥 포대에 담아 옮기던 모습이 떠오른다. 그렇게 정성스레 말린 고추는 겨울 김장의 붉은 양념이 되어 밥상 위에 올랐고, 몇 개는 다음 해 농사를 위해 소중히 갈무리됐다. 봄이 되어 지난해 정성껏 갈무리한 씨앗을 꺼내 밭에 뿌리면 씨앗은 다시 고추로 자라 여름과 가을을 풍성하게 채워주었다. 이 단순한 순환 속에서 우리는 계절의 흐름과 생명의 경이로움 그리고 땀과 기다림이 빚어낸 삶의 의미를 조금씩 배울 수 있었다.

하지만 오늘날의 농사는 예전과는 많이 달라졌다. 예전처럼 작년의 씨앗을 그대로 뿌리기만 해도 풍성한 수확을 기대하기 어려워졌다. 인간의 편리와 이익을 위해 만들어진, '터미네이터 종자' 혹은 'F1 종자'라고 불리는 새로운 종자 체계인 '불임 씨앗' 때문이다. 한때 생명의 순환을 이어주던 씨앗이 이제는 선택과 통제를 필요로 하는 현대 농업의 도구로 바뀐 셈이다.

인간의 욕심이 만든 '불임 씨앗'

오늘날 농부는 예전처럼 손수 거둔 씨앗을 그대로 밭에 뿌릴 수 없다. 직접 수확한 씨앗으로 고추를 심으면 자라기는 하지만 열매의 크기와 수확량이 기대에 못 미치거나 아예 열매가 열리지 않는 경우가 생기기 때문이다. 이렇게 자연의 순리를 따라 이어지던 옛 농사의 방식이 깨진 이유는 바로 '터미네이터 종자'에 있다.

터미네이터 종자, 또는 F1 종자라 불리는 이 씨앗은 인간의 욕심이 만들어낸 '불임 씨앗'으로 '터미네이터', 즉 '종결자'라는 뜻처럼 단 한 번의 수확만 허락되고 이후에는 더 이상 생명을 이어갈 수 없다. 이 씨앗은 단순한 농업 기술이 아니라 종묘회사가 매년 새 씨앗을 판매하기 위해 설계한 일회용 씨앗으로 화학약품이나 방사선으로 돌연변이를 일으켜 그 성질을 고정한 1세대 종자로 크기와 수량, 병충해에 대한 저항성을 높였지만 동시에 자연스러운 씨앗의 순환을 끊어버린 것이다. 그 결과 2세대에서는 원래의 형질이 퇴화되어 상품성이 떨어지게 되므로 농부는 울며 겨자먹기로

매년 새 씨앗을 사야 하는 상황에 놓이게 된다.

터미네이터 종자는 고추뿐 아니라 오이, 수박, 토마토, 호박 등 우리가 먹는 많은 작물에도 적용되며 자연과 인간 생명과 상업이 어떻게 뒤틀릴 수 있는지를 보여주는 상징적인 사례이다.

터미네이터의 빛과 그림자

터미네이터 종자는 분명 장점을 지니고 있다. 수확량이 많고 병충해에 강하며 재래종보다 상품성이 뛰어나 식량 위기나 기아 해소에 도움을 줄 수 있다는 점에서 현대 농업의 필요를 충족시킨다. 그러나 그 밝은 면 뒤에는 복잡하고 무거운 그림자가 숨어 있다.

먼저, 식품 안전성의 문제다. 안전하다고 홍보하고 있으나 화학 약품이나 방사선 처리를 한 종자이므로 장기적으로 섭취할 경우 알레르기, 영양 변화, 혹은 예상치 못한 독성이 나타날 가능성도 완전히 배제할 수 없다.

둘째, 농민의 부담이 커졌다. 과거에는 손수 거둔 씨앗을 저장해 다시 심을 수 있었지만, 이제는 매년 새 씨앗을 사야 한다. 게다가

가격까지 오르면서 '농사지어서 씨앗값도 못 건진다'는 한숨이 현실이 되는 실정이다.

셋째, 종자의 주권 상실 문제다. 국내 종묘회사는 IMF 이후 대부분 외국계 기업에 인수합병되었고 우리는 이름뿐인 한국 회사의 씨앗을 매년 수입해야 하는 실정이다.

넷째, 토종 씨앗의 멸종 위험이 커졌다. 우수한 형질의 터미네이터 종자가 널리 퍼지면서 우리 고유의 씨앗을 재배하지 않기에 점차 사라지고 있다.

다섯째, 생태계 교란의 가능성이 있다. 변형된 종자가 자연종과 교배되면서 예기치 못한 유전적 변형이나 돌연변이가 나타날 수 있어 결국 생태계의 균형을 흔들 수 있다.

마지막으로 윤리적 문제가 있다. 인간의 편리와 이익을 위해 씨앗이 아예 없는 작물이나 싹이 트지 않는 종자까지 개발되고 있어 과연 생명의 순리를 거스르면서까지 편의를 추구하는 것이 정당한가의 물음이다.

결국, 자연의 순리를 인위적으로 끊는 대가는 인간에게 되돌아올 수밖에 없다. 터미네이터 종자는 단순한 농업 기술이 아니라 생명과 인간, 그리고 책임에 대해 근본적 질문을 던진다.

다시 토종 씨앗을 심을 날을 기다리며

봄이 오면 지난해 정성껏 갈무리해 둔 씨앗을 꺼내 밭에 뿌리던 풍경을 떠올린다. 흙 속으로 묻힌 작은 생명들이 어느새 싹을 틔우고 햇살과 비를 만나 자라 가을의 풍성함을 우리에게 선물하던 모습은 한때 너무도 당연하게 여겼던 삶의 순환이었지만, 지금 그 풍경은 아련한 그리움으로 다가온다.

종자를 지키는 일은 단순히 농사를 짓는 행위가 아니라 생명을 이어가고 시간과 세대를 연결하며 미래를 약속하는 일이다. 작은 씨앗 하나에서 시작된 순수한 힘이 다시금 세상에 풍요와 희망을 불러올 그날을 조용히, 그리고 간절히 기다려본다.

소나무 수탈의 흔적

7.
나무 속 흉터,
수탈의 교훈

기억해야 할 상실, 지켜야 할 생명

살아가다 보면 누구나 무엇인가를 잃고 상처받은 경험을 하는데 그것이 작은 물건일 수도 있고, 오래 곁에 두었던 사람일 수도 있으며, 혹은 눈에 보이지 않는 소중한 가치일 수도 있다. 사소한 것이라면 금세 잊을 수 있지만, 마음 깊이 소중히 여겼던 것을 잃었을 때 느낀 아픔은 쉽게 사라지지 않는다.

일제강점기 시절은 우리는 나라를 빼앗겼다. 그러나 그 상실은 사람에게만 머물지 않았고 숲과 나무, 들과 산까지 침탈의 대상이 되었으며 그 흔적은 80여 년이 지난 오늘날에도 곳곳에서 여전히 선명하게 남아있다. 그 나무들이 겪은 고통은 단순한 생명 훼손이 아니라 우리 민족의 정체성과 기억마저 흔들어 놓은 깊은 상처

였으며 한 그루의 나무 속에 남아있는 흉터 하나하나는 그 시대의 폭력과 수탈 그리고 사람들의 고단했던 삶을 말없이 증언한다. 오늘 우리가 산을 오르며 마주하는 나무의 상처들은 단순한 자연의 흔적이 아니며 그것은 과거를 기억하라는 경고이자 우리가 지켜야 할 생명의 기록들이다.

수탈의 흔적, 지워지지 않는 소나무 상처

우리 민족이 겪은 깊은 상처 중 하나인 일제강점기는 1910년부터 1945년까지 36년간 이어진 통치와 착취였다. 이 상처는 단지 사람에게만 국한되지 않았고 산과 나무, 숲마저 수탈의 대상이 되었는데 그 아픔은 오늘날까지 우리 곁에 흔적처럼 남아있다.

산을 오르다 보면 때때로 아름드리 소나무의 V자형 생채기를 마주치게 된다. 무심히 지나칠 수도 있는 이 상처는 일본이 전쟁 물자용 송탄유(松炭油)를 얻기 위해 남긴 '역사의 기록'이다. 당시 백성들은 강제로 동원되어 소나무 껍질을 벗기고 송진을 채취해

야 했는데 한쪽 부분의 껍질만 벗겨냈기에 나무는 죽지 않았지만 수십 년이 지난 지금도 그 상처는 전국 곳곳의 나무들에 선명히 남아 우리 민족의 아픔을 조용히 증언하고 있다.

국립산림과학원의 2019년 자료에 따르면 일제는 1933년부터 1943년까지 10년 동안 우리나라에서 무려 9,539톤의 송진을 수탈했으며 1943년 한 해에만 4,074톤을 채취했는데 이는 50년생 소나무 92만 그루에서 얻을 수 있는 양이라고 한다. 소나무는 오늘도 몸에 남은 상처와 수탈의 기억을 고스란히 간직한 채 무언의 이야기를 우리에게 들려주고 있다.

금강송과 무궁화의 수탈현장

금강송은 곧게 뻗은 키 큰 소나무로 주택 건설을 비롯해 다양한 용도로 쓰이는 귀한 목재였다. 그러나 일제강점기에는 금강송이 전쟁 물자이자 착취의 대상으로 전락했고 무자비하게 수탈당했다. 울진과 봉화 등 금강송 군락지의 소나무들은 철도를 통해 대량으로 반출되었고 산속 깊은 곳까지 레일을 깔아 나무를 옮겼던 흔적은 오늘날까지 남아있는데 이는 일제의 탐욕과 폭력이 산과 숲을 짓밟았던 시대의 흔적이기도 하다.

뿐만 아니라 우리 민족의 상징이자 나라꽃인 무궁화마저 말살의 대상이 되었다. '무궁화는 사람에게 해롭다'라는 이유로 전국의 무궁화를 베고 불태웠다는 기록이 남아있으며 그 결과 오늘날 수십 년 된 오래된 무궁화를 찾아보기조차 어려운 실정이라고 한다.

나무와 꽃마저 빼앗긴 그 시대의 슬픔은 단순한 생명 훼손을 넘어 우리 민족의 정체성과 기억마저 흔든 사건이었다. 살아있는 자연과 함께했던 우리의 역사와 문화가 얼마나 무참히 지워졌는지를 보여주는 씁쓸하지만 중요한 증언이기에 자연과 문화, 그리고 민족의 정체성을 지키는 일이 얼마나 소중한지를 일깨워주고 있다.

반복되어선 안 될 아픔

나라를 잃는다는 것은 단지 국경과 땅을 빼앗기는 일만을 의미하지 않는다. 우리의 숨결이 스며 있는 산과 들, 숲과 강, 그리고 자연의 영혼마저 짓밟히는 일이었다. 우리가 과거의 상처를 기억하는 이유는 단순한 회한 때문이 아니라 산과 들, 숲속 나무의 작은 흉터 하나에도 그 시대의 아픔이 고스란히 새겨져 있기 때문이다. 소나무의 V자형 상처를 바라볼 때마다 우리는 그때의 폭력과 수탈을 떠올리며 다짐해야 하며 다시는 같은 일이 반복되지 않도록 그리고 우리가 잃었던 것을 되찾기 위해서 과거의 상처를 기억하는 것은 곧 미래를 지키는 일이기도 하다.

나무와 숲, 그리고 우리 땅의 식물을 보호하는 일은 단순히 자연을 지키는 일뿐만 아니라 우리 민족의 혼과 삶의 뿌리를 지키는 일이자 세대와 세대를 이어 우리가 함께 지켜야 할 소중한 약속인 것이다.

가시박
돼지풀

8.
식물의 침략자,
질서를 파괴하는
원흉들

조화로운 삶 속에 스며든 균열

지구는 하나의 거대한 생명 공동체로 풀잎 하나, 이슬 한 방울에도 생명의 숨결이 깃들어 있으며 나무와 새, 벌과 나비, 미생물까지 모두 서로에게 기대며 살아가는데 이들은 서로의 존재를 필요로 하면서 거대한 순환의 고리를 만들어간다. 햇살을 먼저 차지하려 가지를 뻗는 나무가 있는가 하면 그늘 속에서도 묵묵히 자라나는 식물도 있다.

누군가는 남이 남긴 흔적 위에 삶을 쌓고 또 누군가는 몸을 내어 다른 생명을 품으며 경쟁 속에서도 공존을 배우고 대립 속에서도 협력을 이루며 자연은 섬세한 질서를 유지해 왔다. 하지만 이 조화로운 질서는 한순간 흔들릴 수 있는데 인간의 욕심과 무지 속에서 낯선 생명들이 경계를 넘어 들어올 때다.

'생태계교란 식물'이라 불리는 이들은 눈부신 생명력과 아름다움 뒤에 숨은 파괴력을 지닌 침묵의 침략자로 자연의 균형 속으로 스며들어 원래 있던 식물을 덮고, 햇빛을 가리고, 뿌리로 땅을 점령하며, 그 지역의 생태적 질서를 파괴한다.

덩굴의 재앙, 생명을 잠식하는 가시박

한때 나라를 잃은 아픔이 민족의 뿌리를 흔들었다면 오늘날 우리의 숲과 들에서는 생태계의 주권이 서서히 침식당한 채 신음하고 있다. 그 주범은 총칼이 아닌 씨앗으로 침투한 침묵의 침략자, '생태계교란 식물'이다.

처음에는 목재나 농업용, 사료용 등으로 무심코 들여온 이들 식물은 인간이 열어둔 틈새를 타고 스스로 제국을 세우기 시작했다. 그중에서도 가장 악명 높은 존재가 바로 '가시박'이다. 처음에는 수박이나 참외에 접을 붙이는 대목용으로 들여온 식물이었지만 이제는 '덩굴의 재앙', '식물계의 좀비', '생태계의 무법자'라 불리며

가시박 꽃

가시박 열매

한국의 하천과 야산을 뒤덮고 있다.

가시박의 덩굴은 하루가 다르게 자라 10미터가 넘는 나무마저 감아올리며 햇빛을 가로막아 광합성을 막게 되고 결국 나무와 풀들은 서서히 말라 죽는다. 한 번 뿌리를 내리면 수백에서 수천 개의 씨앗을 뿌리고, 그 씨앗들은 땅속에 저장되거나 물길을 따라 흘러가 새로운 땅을 점령한다. 베거나 뽑아내도 땅속 씨앗에서 다시 고개를 들며 마치 "이 땅은 내 것이다."라고 선언하는 듯한 질긴 생명력으로 되살아난다.

오늘날 전국의 야산과 하천, 강변, 들판을 뒤덮은 가시박 때문에 지자체와 환경단체는 매년 막대한 예산과 인력을 투입해 제거 작업을 이어가지만, 침범과 확산의 속도를 따라잡지 못한다.

가시박이 한번 정착하면 그 지역의 토종 식물들은 설 자리를 잃게 되는데 토종 식물이 사라진다는 것은 단지 한 종이 사라지는 문제가 아니다. 그와 함께 살아가던 곤충, 새, 미생물, 그리고 그 생명들과 얽혀 있던 '자연의 기억'마저 사라지는 일이기에 이는 우리에게 큰 재앙으로 다가온다.

보이지 않는 또 다른 침략자들

서울의 공원과 야산에 낯선 초록빛이 퍼지고 있는데 그 이름은 '서양등골나물'이다. 겉보기에는 청초한 들꽃처럼 보이지만 뿌리와 잎에는 독성이 있어 이걸 먹은 소의 우유를 사람이 마시면 두통이나 구토를 유발한다는 연구결과도 있다. 양지와 음지를 가리지 않고 자라며 연약한 꽃잎 아래 감춰진 독성은 마치 인간의 무분별한 욕망이 남긴 그림자처럼 은밀하고 위험하다.

또 다른 침입자는 북아메리카에서 건너온 '돼지풀'과 '단풍잎돼지풀'로 쑥을 닮은 돼지풀과 단풍잎 모양의 단풍잎돼지풀은 꽃가루를 바람에 흩날리며 수많은 사람에게 알레르기 비염과 천식을 일으키며 우리의 일상 속으로 스며든다.

이제 그들의 흔적은 하천변, 도로가, 공터를 가리지 않고 퍼져 있다. 생태계교란 식물은 낯선 땅에서도 살아남는 강인함으로 다른 생명들의 터전을 빼앗고 토종 식물의 생존권을 위협한다. 환경부는 이러한 식물들을 '생태계에 교란을 일으키거나 교란을 일으킬 우려가 있는 식물'로 지정하여 관리하고 있으며 현재 그 수는 18종에 이른다.

생태계교란 식물 (2025년 12월 기준)

번호	식 물 명	번호	식 물 명
1	돼지풀	10	미국쑥부쟁이
2	단풍잎돼지풀	11	양미역취
3	서양등골나물	12	가시상추
4	털물참새피	13	갯줄풀
5	물참새피	14	영국갯끈풀
6	도깨비가지	15	환삼덩굴
7	애기수영	16	마늘냉이
8	가시박	17	돼지풀아재비
9	서양금혼초	18	물여뀌바늘

균형과 동행, 지켜야 할 생태 윤리

우리의 숲과 들은 단순한 자연이 아니라 수많은 생명이 얽혀 만든 거대한 공동체이자 세대를 거쳐 이어진 생명의 기억이다. 한 줌의 씨앗, 한 뿌리의 식물, 한 포기의 들풀도 이 거대한 균형 속에서 소중한 역할을 맡는다. 그러나 인간의 무심한 행동과 외래 식물의 침입은 이 균형을 깨뜨리고 토종 생명과 그들의 기억을 위협한다.

다행히 아직 늦지 않았다. 자연을 '소유'가 아닌 '동행'으로 바라보고 씨앗 하나에도 생명의 존엄을 들풀 한 포기에도 우주의 질서를 읽는 마음을 가진다면 잃어버린 균형은 다시 회복될 수 있다. 철저한 검역과 관리, 신중한 도입과 신속한 대응, 그리고 생태계에 대한 세심한 관심은 우리가 자연에게 가져야 할 최소한의 예의이자, 이 시대가 요구하는 새로운 생태 윤리가 될 것이다.

2장.
식물의 삶
엿보기

나무와 풀

1.
나무와 풀,
단단함과
부드러움

단단함과 부드러움의 경계

우리는 흔히 식물을 '나무'와 '풀'로 나누는데 나무는 단단하고, 풀은 부드럽다고 말한다. 하지만 그 단순한 구분 속에는 오랫동안 인간이 자연을 바라본 익숙한 시선이 숨어 있다. 조금만 더 깊이 들여다보면 단단함과 부드러움의 경계는 생각보다 모호하며 단단하다고 해서 늘 강한 것은 아니며, 부드럽다고 해서 반드시 약한 것도 아니다. 자연은 언제나 단단함과 부드러움 사이를 오가며 자신만의 질서를 세워왔다.

나무는 딱딱한 몸통 속에 세월을 새기며 자라는데 매서운 겨울 바람에도 쓰러지지 않도록 몸을 목질화해 생명을 지켜낸다. 반면 풀은 스스로를 낮추며 계절과 타협을 하는데 한 해를 사는 풀은

종자로 생명을 남기고 해마다 되살아나는 풀은 추위를 피해 땅속으로 숨었다가 봄이 오면 다시 세상 위로 고개를 든다. 나무는 '시간을 견디는 힘'을 택하고, 풀은 '순환하며 다시 태어나는 길'을 택한다. 서로 다른 길 위에서 나무와 풀은 결국 같은 진리를 말한다. 살아남기 위해, 그리고 다시 피어나기 위해.

보이지 않는 차이

나무와 풀의 차이는 단지 눈에 보이는 모습에만 있지 않고 그들을 갈라놓는 진짜 경계는 겉모양이 아니라 보이지 않는 내부의 질서, 즉 그들만의 언어 속에 있다. 그 언어의 중심에는 두 가지 단어가 있는데 바로 리그닌(lignin) 과 부름켜(형성층)이다.

리그닌은 식물의 세포벽을 단단하게 만드는 물질로 나무가 세월을 견디기 위해 스스로 만들어낸 방패이자 결속제다. 이 단단함 덕분에 나무는 땅 위에서 흔들리지 않고 우뚝 설 수 있다. 반대로 풀은 리그닌이 거의 없어 더 부드럽고 유연하기에 바람이 불면 쉽게 휘고 때로는 꺾이기도 한다. 저항하기보다 받아들이는 지혜로 스스로를 지켜낸다. 리그닌이 빚어낸 단단함이 나무의 미덕이라면, 부드러움 속에서 길어 올린 유연함은 풀의 지혜다.

부름켜는 형성층이라고도 하며 식물이 굵어지며 자라는 데 필요한 세포층이다. 마치 필기구처럼 시간의 서사를 새기는데 해마다 새살을 채우며 층을 이룬 무늬를 우리는 '나이테'라고 부른다.

나이테는 단순한 무늬가 아니라 추위와 더위, 가뭄과 폭풍을 견딘 세월의 기록으로 나무의 일기장이자 자연이 써 내려간 연대기다. 그러나 풀에게 부름켜는 오래 머물지 않는다. 짧은 생애 동안 모든 힘을 쏟아내고 계절의 끝에서 조용히 멈춰선다.

결국 나무와 풀의 차이는 단순한 구조만의 문제가 아니라 시간을 대하는 태도의 차이와 세상을 받아들이는 방식의 차이다. 나무는 시간을 쌓아 올리며 생명을 지키고 풀은 시간을 흘려보내며 생명을 이어간다. 나무와 풀은 각자의 방식으로 이 땅에서 조용한 목소리로 말하고 있다. "우리는 이렇게 살아 있다."

나무도 아니고 풀도 아닌 존재, 대나무

나무와 풀을 구분하는 일은 어쩌면 인간이 세상을 이해하기 위해 만들어 놓은 단순한 틀일지도 모른다. 하지만 자연은 언제나 그 경계를 흐릿하게 만들며 우리에게 조용히 묻는다. "정말로 그 둘을 정확히 나눌 수 있을까?"

이 질문의 대표적인 예가 바로 대나무다. 대나무는 일반적인 나무처럼 매년 굵어지지 않는다. 부름켜가 없기에 처음 돋아나는

한 해 동안에 굵어진 굵기로 평생을 그대로 살아가기에 나이테도 없다.

대나무는 겉으로 보기엔 단단한 나무 같지만, 그 속성은 풀에 가까운데 정확히 말하면 나무와 풀의 중간쯤에 놓인 존재이며 식물학적으로는 벼과에 속하는 다년생 풀(초본)로 분류된다.

이처럼 애매한 존재였기에 대나무는 오래전부터 사람들의 생각을 흔들어 놓았는데 조선 시대 문신이며 시인인 윤선도는 그의 시 '오우가(五友歌)'에서 이렇게 노래했다.

> "나무도 아닌 것이 풀도 아닌 것이
> 곧기는 뉘시기며 속은 어이 비었는가
> 저렇게 사시에 푸르니 그를 좋아하노라"

그 짧은 한 줄은 단순히 식물의 분류를 넘어 경계에 선 존재의 정체성을 꿰뚫는 통찰이었다. 윤선도는 이미 그때 대나무가 나무도 풀도 아님을 노래했는데 그 안목 앞에 저절로 고개가 숙여진다. 대나무를 통해 그는 묻고 있었다. "당신은 지금, 어떤 경계 위에 서 있는가?"

자연이 가르쳐 준 균형의 미학

나무와 풀, 그리고 그 사이에 선 대나무. 이 셋은 저마다의 방식으로 우리에게 '살아 있음의 의미'를 들려준다. 나무는 단단함으로 시간을 견디고, 풀은 유연함으로 계절을 건너며 대나무는 그 둘의 경계에 서서 굽히되 부러지지 않는 중용의 길을 보여준다.

자연은 단 한 번도 스스로를 나무나 풀로 구분한 적이 없다. 그 구분은 오로지 인간이 만든 이름일 뿐이다. 나무와 풀은 묵묵히 말하고 있다. 단단함도, 부드러움도, 결국은 '살아내기 위한 다른 얼굴'이라고. 대나무처럼 흔들리면서도 다시 일어서고, 풀처럼 쓰러지면서도 새 봄을 기다리며, 나무처럼 묵묵히 세월을 견디는 것. 그것이 어쩌면 자연이 우리에게 건네는 가장 단순하고도 깊은 삶의 대답일지 모른다.

나무의 분업체계

2.
식물 시스템,
생명 도시의
분업체계

보이지 않는 협력의 질서

우리의 몸이 심장, 폐, 간, 뇌처럼 서로 다른 기관들이 각자의 일을 하며 하나의 생명을 유지하듯, 식물의 세계도 보이지 않는 질서와 협력 속에서 정교하게 움직인다. 뿌리는 땅속에서 물과 영양을 찾으며 나무의 몸통을 지탱하고, 줄기는 물과 양분을 위로 올려보내며 세포와 세포를 잇는 통신망이 된다. 잎은 햇빛을 받아 에너지를 만드는 공장이 되고, 꽃은 사랑과 번식의 설계자이며 열매는 미래 세대를 품은 저장소가 된다.

겉으로는 고요하고 움직임이 없는 초록의 생명처럼 보이지만 그 속을 들여다보면 수많은 세포들이 부지런히 일하는 거대한 사회가 숨어 있다. 그 안에서 질서와 조화, 경쟁과 양보, 탄생과 소멸

이 끊임없이 교차하며 각자의 자리를 지켜낼 때 비로소 식물이라는 한 생명체가 완전한 '존재'로 선다.

뿌리, 어둠 속에서 생명을 지탱하는 손

뿌리는 햇빛이 닿지 않는 어둠 속에서 조용히 땅을 붙잡고 생명을 지탱하는데 그곳은 세상의 눈길이 닿지 않는 깊은 자리이지만 모든 생명의 시작이자 나무를 떠받치는 근원이다. 자신을 드러내지 않고 흙 속을 더듬으며 미세한 뿌리털 하나하나로 물과 영양분을 찾아 올리며 줄기와 잎이 하늘을 향해 자라는 동안 그들이 쓰러지지 않도록 받쳐주는 건 언제나 땅속의 뿌리다. 누군가의 화려한 꽃이 피어날 수 있는 이유는 늘 어둠 속에서 묵묵히 흙을 움켜쥐고 있는 뿌리의 노고가 있기 때문이다.

빛을 피해 아래로 향하는 뿌리는 마치 겸손한 사람이 낮은 곳에서 진실을 구하듯 생명을 위한 본능을 닮아있다. 그래서 뿌리는 '식물의 심장'이라 불러도 좋다. 그 심장은 피 대신 물을 올리고 욕망 대신 생명을 품는다. 자신은 빛을 보지 못하지만, 타인의 빛을 피워 올리는 존재, 그것이 바로 뿌리의 삶이며 보이지 않는 헌신의 철학이다.

줄기, 생명을 잇는 통신망

줄기는 나무의 척추이자 길로써 뿌리에서 올라온 생명의 기운을 하늘로 실어 나르고, 잎에서 만들어진 양분을 다시 땅으로 내려보내며, 식물 전체를 하나로 묶는 순환의 통로가 된다. 겉으로 보기엔 단단한 기둥처럼 서 있지만, 그 속에는 물과 양분, 그리고 생명의 신호가 쉼 없이 흐른다.

줄기 속을 흐르는 이 투명한 강을 '관다발'이라 하는데 그 안에는 두 개의 길이 있다. 뿌리에서 올라오는 물을 실어나르는 '물관'과 잎에서 내려보내는 영양분의 길인 '체관'이 그것이다. 이 둘 사이에는 세포가 끊임없이 나뉘고 자라나는 층이 있는데 그것이 바로 '형성층', 혹은 '부름켜'라 부른다. 줄기는 '연

결의 철학'을 몸으로 실천하는 존재로 줄기가 없다면 뿌리의 수고는 잎에 닿지 못하고, 잎의 노력 또한 땅으로 돌아가지 못한다. 뿌리가 땅속의 근원이라면, 잎은 하늘을 향한 꿈이고, 줄기는 그 둘을 이어주는 소통의 정신이다. 줄기는 우리에게 이렇게 속삭인다. "세상을 지탱하는 힘은 화려함이 아니라, 서로를 잇고 흐르게 하는 연결의 마음이다."

잎, 에너지를 만드는 작은 공장

잎은 햇빛을 품고 뿌리에서 올라온 물과 공기 속 이산화탄소를 받아 자신만의 방식으로 생명을 지어내는 작은 공장이다. 엽록체라는 세포 속 작은 공장은 빛을 에너지로 바꾸고, 그 에너지로 식물의 몸을 살찌우며, 동시에 인간과 모든 생명에게 꼭 필요한 산소를 내보내는데 이러한 활동을 광합성작용 또는 탄소동화작용이라 한다.

잎의 역할은 단순한 생산에 그치지 않는다. 기공이라는 미세한 구멍을 통해 수분을 내보내며 체온을 조절하고 땅과 공기 사이의 생명 순환을 이어가는 중요한 역할을 한다. 하지만 잎의 진정한 가치는 기능을 넘어선다. 햇빛을 받아 생명을 만들어내는 동시에 자연 속 모든 존재와 끊임없이 연결되는 생명의 허브이자, 빛과 바람, 땅과 하늘을 이어주는 에너지의 통로다. 겉보기에는 단순한 초록색 한 장일 뿐이지만, 그 안에는 태양과 땅, 공기와 시간, 그리고 생명의 숨결이 담겨 있다.

꽃, 유혹과 번식의 예술가

꽃은 겉보기에는 단순한 장식처럼 보이지만, 그 속에는 생명을 잇는 정교한 전략과 자연이 만들어낸 순수한 예술이 동시에 담겨 있다. 꿀과 향기를 활용해 곤충을 불러들이고 그들을 통해 수분을 이루어 씨앗과 열매를 맺게 하는 과정은 자연의 가장 섬세한 설계이자 생명의 예술이다.

꽃의 형태와 배치는 또 다른 이야기를 들려준다. 철쭉처럼 한 송이 꽃 안에 암술과 수술이 함께 있는 꽃을 양성화라 하고, 호박처럼 암꽃과 수꽃이 각각 따로 피는 꽃을 단성화라 부른다. 은행나무처럼 암나무와 수나무가 완전히 분리된 자웅이주도 존재한다. 이 모든 다양성은 꽃이 단순히 아름다움을 추구하는 것이 아니라 생존과 번식을 위한 자연의 정밀한 전략임을 보여준다.

하나의 꽃에서 우리는 자연의 아름다움과 생존의 지혜가 얼마나 긴밀히 맞물려 있는지 깨닫는다. 꽃은 이렇게 속삭인다. "아름다움은 단순한 장식이 아니라 생명은 유혹을 통해 번성하고, 예술과 전략이 함께 있을 때 생명은 길게 이어진다."

양성화(산철쭉 꽃)

단성화(호박 암꽃)

단성화(호박 수꽃)

열매, 씨앗을 보호하고 퍼뜨리는 전략가

열매는 단순히 씨앗을 담는 그릇이 아니라 그 안에는 생명을 지키고 이어가기 위한 자연의 치밀한 전략과 지혜가 숨어 있다. 씨앗을 안전하게 보호하면서도 새로운 땅으로 퍼지도록 돕는 것이 열매의 역할로 그 형태와 생성 과정도 다양하다. 감이나 귤처럼 씨방이 자라면서 만들어지는 참열매(진과)가 있는가 하면, 사과나 딸기처럼 꽃받침이나 꽃대가 함께 자라면서 만들어지는 헛열매(위과)도 있는데 이러한 구조는 결국 씨앗을 안전하게 품고 생명을 이어가기 위한 자연의 설계다.

열매는 동물과의 소통을 통해 생존전략을 실현하는데 맛과 향, 화려한 색을 이용하여 새나 포유류를 유혹해 씨앗을 퍼뜨리기도 하고, 반대로 독성이나 불쾌한 냄새로 포식자를 피하며 자신을 지키기도 한다. 이처럼 열매 하나하나는 생명을 이어가기 위한 지혜로운 선택의 결정체로서 그 안에는 자연의 장기적 계획과 생명 순환의 철학이 담겨 있으며, 단순한 생리적 기능을 넘어 세대를 이어가는 자연의 예술이 녹아 있다.

감(참열매)

딸기(헛열매)

생명의 도시, 자연의 교향곡

이제 여러분은 눈앞의 놓인 초록 나무 한 그루를 단순한 식물로만 볼 수 없게 되었다. 뿌리는 어둠 속에서 묵묵히 생명을 지탱하고, 줄기는 그 생명을 서로 이어주며, 잎은 빛을 받아 에너지를 만들고, 꽃은 생명의 전략을 설계하며, 열매는 미래 세대를 품고 퍼뜨린다. 이 과정을 바라보면 한 그루의 나무 안에는 작은 도시만큼 복잡하고 정교한 생명의 질서가 흐르고 있음을 알 수 있다.

식물은 말을 하지 않지만, 그 안에 담긴 삶의 철학은 분명하다. 겉으로는 고요해 보이지만 속에서는 끊임없이 일하고, 소통하며, 지혜를 쌓는다. 각 기관이 서로에게 기대어 제 역할을 다할 때 비로소 전체가 완전해진다. 식물은 보이지 않는 손길과 숨결로 세상을 지탱하는 작은 생명 도시로 그 안에서 펼쳐지는 시간과 생명의 이야기는 자연을 보는 눈과 삶을 이해하는 마음을 동시에 우리에게 선물한다.

식물의 물 이동

3.
물의 이동,
보이지 않는
생명의 강

식물 속에서의 물

세상의 모든 생명은 물에서 태어나고 물로 살아가는데 식물도 예외는 아니다. 하지만 식물은 펌프도, 심장도, 근육도 없이 어떻게 땅속 깊은 물을 하늘 끝 잎맥까지 올려보낼 수 있을까? 나무 한 그루가 수십 미터 높이로 치솟으며 살아가도 꼭대기 잎 하나 시들지 않는 이유는 '삼투압'과 '증산작용'이라는 자연의 섬세한 원리 덕분이다. 이 두 힘은 눈에 보이지 않는 '생명의 강'을 만들어 뿌리에서 줄기를 거쳐 잎끝까지 끊임없이 흐르게 한다. 이 강이 교차하는 순간 식물의 몸속에서는 보이지 않는 심장이 뛰듯 물이 순환하고 그 속에서 생명은 스스로 물을 길어 올린다. 뿌리에서 출발한 물 한 방울이 잎을 지나 공기 중으로 사라질 때 그 여정은 마치 생명의 순환, 우주의 호흡과도 같다. 식물은 말없이 이 순환의 일부가 되어 오늘도 지구라는 거대한 생명체의 맥박을 조용히 이어가고 있다.

삼투압, 보이지 않는 생명의 끌림

삼투압은 자연이 만들어낸 가장 섬세한 '유혹의 힘'으로 농도가 다른 두 세계가 마주할 때 물은 언제나 평형을 향해 조용히 낮은 곳에서 높은 곳으로 이동한다. 그 단순한 움직임 속에는 생명이 숨 쉬는 근본 원리와 우주가 스스로 질서를 이루려는 보이지 않는 의지가 담겨 있다.

뿌리의 세포 속에는 다양한 영양분이 녹아 있어 흙 속의 물보다 농도가 진하기 때문에 물은 마치 약속이라도 한 듯 조용하지만 꾸준히 뿌리 속으로 스며든다. 이것이 바로 삼투압 작용으로 힘으로 끌어당기는 것이 아니라 서로의 부족함을 채우려는 '부드러운 끌림'이다. 토양 속에는 수없이 많은 틈이 있고 그 사이를 따라 물은 모세관수(毛細管水)의 형태로 이어져 있는데 식물은 그 생명의 수분을 조금씩 길어 올린다. 그 모습은 마치 깊은 우물 속에서 한 모금의 물을 퍼 올리듯 고요하고 성실하다. 따라서 삼투압은 단순한 물리현상이 아니라 자연이 스스로 균형을 찾아가는 숨결이자 모든 생명이 서로를 향해 나아가는 본능의 표현이다.

물 한 방울의 이동 속에는 '살아 있음'의 약속이 깃들어 있으며 식물은 오늘도 그 보이지 않는 끌림 속에서 대지와 하늘을 잇는 생명의 순환을 이어가고 있다.

증산작용, 하늘로 오르는 물의 여정

햇살이 나뭇잎 위에 닿아 온도가 올라가면 잎은 마치 살아 있는 숨결처럼 작은 구멍인 기공(氣孔)을 열고 뿌리에서 끌어올린 물을 하늘로 내보내는데 이러한 과정을 '증산작용(蒸散作用)'이라고 한다.

증산작용은 식물의 몸을 시원하게 유지하고 뿌리에서 꼭대기 잎맥까지 이어지는 물의 흐름을 지속시키는 중요한 역할을 한다. 사람이 더울 때 땀을 흘려 체온을 조절하듯 식물도 햇살 아래에서 물을 증발시키며 자신의 온도를 조절한다.

기공은 이 모든 일을 주관하는 작은 문지기로 기공을 둘러싼 공변세포에 물이 스며들면 세포가 휘어 문이 열리고 그 틈으로 수분이 수증기 형태로 빠져나간다. 잎에서 물이 증발할수록 세포 내부의 농도는 높아지고 그 결과 더 많은 물이 줄기와 뿌리에서 끌어올려진다. 이러한 연쇄적 움직임은 거대한 펌프도, 기계도 없이 단지 자연의 논리만으로 완벽하게 작동하는 '생명의 순환 장치'다.

증산작용은 대지와 하늘을 잇는 보이지 않는 다리이며 식물의 몸속에서 이루어지는 가

장 섬세한 원리이며 단순한 과학의 언어를 넘어 생명이 서로에게 숨결을 나누는 자연의 조용한 대화인 것이다.

하루 400리터의 물을 마시는 나무

사람은 하루에 약 2리터의 물을 마신다고 하는데 나무는 과연 얼마나 많은 물이 필요할까? 보통 나무는 하루에 10~40리터, 많게 는 400리터에 이르는 물을 흡수한다고 한다. 이 거대한 순환은 수 천, 수만 개의 세포들이 묵묵히 연결되어 요란하지 않게 물을 끌어 올려 자신과 세상을 적시며 '살아 있음'을 증명한다.

우리는 목이 마르면 컵을 들어 물을 마시지만 화분 속의 식물은 아무 말 없이 잎을 늘어뜨리고 색을 잃는 등 몸으로 갈증을 표현 하는 것이 전부이기에 말이 없다는 이유로 우리는 종종 그들의 목 마름을 지나쳐 버린다. 혹시 지금 당신 곁의 화분 속 식물이 조용 히 도움을 청하고 있지 않은가? 작은 물 한 잔의 관심이 식물에게 는 생명의 숨결이 되고 우리에게는 자연이 전하는 조용한 치유의 언어가 된다.

보이지 않는 생명의 강이 되길

식물은 펌프도, 심장도, 기계장치도 없이 자연의 원리와 생명의 질서만으로 하루 수백 리터의 물을 끌어 올린다. 뿌리에서 잎까지 이어지는 물의 여정은 눈에 보이지 않지만, 확실히 살아 있는 흐름 이다. 삼투압과 증산작용, 그리고 그 속에서 일어나는 물의 순환은 단순한 물리현상이 아니다. 그것은 자연이 스스로 균형을 찾아가는 숨결이자 모든 생명이 서로에게 나아가는 부드러운 끌림이다.

우리가 마시는 한 모금의 물처럼 식물에게 건네는 작은 관심과 손길은 생명을 살리는 힘이 된다. 오늘도 나무와 화분 속 식물들은 조용히 물을 길어 올리며 지구라는 거대한 생명체의 맥박을 이어가고 있다. 우리는 그 묵묵한 숨결 속에서 자연이 전하는 조용하지만 확실한 생명의 언어를 들을 수 있다.

식물이 내뿜는 피톤치드

4.
향기와 냄새,
생존과 공생의
언어

식물은 말을 할 수 없는 대신 향기라는 언어로 세상과 대화한다. 은은하게 스며드는 달콤한 향은 유혹의 손짓이 되고 코끝을 찌르는 자극적인 냄새는 경계의 울타리가 된다. 이처럼 식물의 향기는 단순한 '냄새'가 아니라 생존과 공존을 있게 하는 자연의 언어이자 철학이다.

숲속을 거닐다 보면 느껴지는 상쾌한 공기와 특유의 냄새는 식물들이 내뿜는 보이지 않는 숨결로, 피톤치드(Phytoncide)라고 한다. '피톤(phyton)'은 식물을, '치드(cide)'는 죽이다를 뜻하는 것으로 식물들이 세균이나 해충으로부터 자신을 지키기 위해 뿜어내는 방어의 물질이다. 하지만 이 향기는 인간에게는 오히려 치유의 숨결로 스트레스를 완화하고 면역을 북돋우며 혼탁한 공기를 맑게 하는 자연의 약방이 된다. 식물은 향기로 공격하고, 향기로 유혹하며, 향기로 치유하는데 그 향기는 곧 생명의 신호이자 서로 다른 존재들이 조화롭게 살아가기 위한 자연의 대화법이다.

방어적 언어, 향기에 담긴 생존의 기술

식물의 향기는 단순히 향긋함을 전하기 위한 것이 아니고 그 안에는 수억 년에 걸친 생존전략이 숨어 있다. 움직일 수 없는 존재이기에 식물은 향기를 자신을 지키는 무기로 삼았는데 달콤한 유혹의 언어만큼이나 날카로운 경고의 언어도 품고 있다.

고추는 '캡사이신'이라는 매운 성분으로, 마늘은 '알리신'이라는 자극적인 냄새로 자신을 방어하는데 이 향기는 인간에게는 입맛을 돋우는 향신료이지만 해충에게는 접근 금지의 경고음이다. 소나무는 한 걸음 더 나아가 자신이 내뿜는 화학물질로 주변 식물의 발아와 성장을 억제한다. 그래서 소나무 아래에서는 다른 식물이 잘 자라지 못하는데 이러한 현상을 '타감작용(Allelopathy)'이라 부르며 식물이 스스로의 생존 공간을 확보하는 보이지 않는 경쟁 방식이다.

심지어 가을의 단풍도 단순히 아름다움만을 위한 것이 아니다. 붉게 물든 잎 속에는 주변 식물의 성장을 억제하는 물질이 들어 있어 겉으로는 화려한 계절의 장식을 만들면서도 그 안에서는 치열한 생존 의지가 흐른다. 이처럼 향기는 식물이 세상과 나누는 가장 정교한 언어이며 생존의 시(詩)라 할 수 있다.

공생의 향기, 도움을 부르는 식물의 언어

식물은 눈에 보이지 않는 방식으로 세상과 끊임없이 대화하는데 움직일 수 없다는 한계를 대신해 향기와 화학물질을 통해 도움을 청하고 협력을 이끌어낸다. 그 향기는 때로는 사랑의 신호이고 때로는 구조 요청의 외침이다.

배추흰나비의 애벌레가 배춧잎을 갉아 먹기 시작하면 배추는 침묵하지 않고 잎 속에서 휘발성 화학물질을 만들어 내보내 주변에 있는 애벌레의 천적인 기생벌들에게 "지금, 나를 도와줘!"라는 신호를 보낸다. 그 냄새를 감지한 기생벌은 순식간에 날아와 배추흰나비 애벌레의 몸속에 알을 낳는데 스스로 싸울 수 없지만 이렇게 보이지 않는 협력을 통해 자신을 지켜낸다.

식물과 곤충 사이에서 향기는 생존을 넘어선 관계의 철학과 서로의 존재를 이용하면서도 동시에 공존을 선택하는 지혜를 담고 있다. 그것은 경쟁이 아닌 균형의 미학으로 결국 자연은 싸움보다 협력을 지배보다 공생을 택함으로써 수억 년의 생명을 이어온 것이다.

냄새로 부르는 생존의 전략

식물의 달콤한 향기는 벌과 나비를 불러들이지만 때로는 고약한 냄새로 파리나 딱정벌레를 유혹하기도 한다. 인간에게는 아름다움과 혐오의 경계처럼 느껴질지 모르지만 이러한 냄새 또한 생명을 이어가는 가장 정교한 전략이다.

필리핀에 사는 라플레시아(Rafflesia)는 지름 1미터, 무게 10킬로그램에 달하는 세계 최대의 꽃이지만 그 향기는 시체가 썩는 냄새와 같다. 그러나 그 역겨움 속에는 치밀한 생존의 계산이 숨어 있는데 썩은 냄새를 좇는 파리들은 이 향기에 이끌려 꽃 속으로 들어가고 그 과정에서 자연스럽게 꽃가루를 옮긴다. 인간의 눈에는 괴이한 장면이지만 자연의 관점에서는 완벽한 수분의 의식이다.

식물은 시간을 알고 있는 듯하다. 낮에는 곤충의 활동이 왕성한 시간에 맞춰 향기를 한껏 내뿜고, 해가 진 밤에는 야행성 곤충인 나방이나 박쥐가 좋아하는 향으로 바꾼다. 로즈마리나 라벤더처럼 손끝이 스치는 순간 진한 향을 퍼뜨리는 식물들은 잎 속의 향기 주머니에 향 성분을 저장해 두었다가 자극이 닿으면 방출한다. 이는 단순한 화학 반응이 아니라 외부와 소통하는 생명의 언어다.

욕망과 전략, 그리고 진화의 향기

식물의 향기는 단순한 냄새가 아니라 생명이 생명에게 건네는 가장 오래된 언어이자 눈에 보이지 않는 사랑의 신호다. 어떤 식물은 눈부신 색으로 또 어떤 식물은 달콤한 향과 열매로 세상을 유혹한다. 그 유혹의 끝에는 자신의 생명을 또는 자신의 종족을 번식시키기 위한 목적이 있다.

  우리가 숲속에서 맡는 향기는 단순한 향기가 아니라 수억 년에 걸친 생명의 서사이며 진화의 기억이다. 그 향기 속에는 욕망이 있고 전략이 있으며 그리고 살아남기 위한 생명의 지혜가 녹아 있다. 식물은 말없이 향기로 말한다. "나는 여전히 살아 있다. 그리고 내 사랑은 아직 끝나지 않았다." 그 향기는 오늘도 바람을 타고 또 다른 생명에게 조용히 속삭이고 있다.

꽃과 중매쟁이들

5.
식물의 결혼식,
식물도 필요한
사주와 궁합

생명의 궁극적인 목적은 종족 번식

생명의 여정에는 언제나 한 가지 본능이 숨어 있는데 나를 넘어 또 다른 나를 남기고자 하는 것, 즉 '다음 세대를 만드는 것'으로 이 단순하면서도 숭고한 욕망이야말로 모든 생명체가 존재하는 이유이며 식물 또한 그 예외가 아니다. 잎을 키우고, 줄기를 세우고, 뿌리를 깊게 내리는 모든 과정은 결국 '꽃을 피우기 위한 여정'이며 꽃이 피는 순간은 식물에게 있어 성인이 되는 의식과도 같다. 한 생명이 '성숙'이라는 문턱을 넘어 자신의 존재를 후세에 전하려는 생명의 선언으로, 이때부터 식물의 세상에는 사랑과 만남, 그리고 인연의 이야기가 조용히 시작된다.

꽃가루가 바람에 실려 암술을 찾아가는 길은 마치 오랜 인연이 운명처럼 이어지는 사람의 만남을 닮아있는데 누군가는 향기로 상대를 유혹하고, 누군가는 화려한 빛깔로 자신을 드러내며, 또 어떤 이는 묵묵히 바람과 벌에게 사랑의 편지를 전한다. 그 여정은 단순한 생물학적 행위를 넘어 '생명과 생명의 약속'이며 그 약속의 완성은 씨앗이라는 또 하나의 생명으로 이어진다.

배우자 찾기, 동성동본을 피한다

과거에는 대부분 중매를 통해 결혼이 이루어졌으며 서로 얼굴도 모른 채 사주와 궁합만으로 배우자를 정하던 시대가 있었다. 식물의 세계에서도 비슷한 원리가 존재하는데 수꽃이 암꽃을 찾아가는 '수분' 혹은 '가루받이' 과정은 식물이 자신의 배우자를 선택하는 방식이다. 흥미로운 사실은, 식물도 아무 꽃가루나 받아들이지 않는다는 점이다.

자가수분(自家受粉), 즉 자기 꽃의 꽃가루로 수정이 이루어지면 유전적 다양성이 줄고 열성 형질이 두드러지기 때문에 대부분의 식물은 타가수분(他家受粉)을 선호하며 이 방식으로 진화를 이어왔다. 이는 우리 사회에서 통용되는 '동성동본 금지'와도 닮아있는데 생명의 지속과 건강한 후손을 위해 서로 다른 유전자를 만나는 지혜인 셈이다.

자가수분과 타가수분

식물은 구조적·화학적 장치를 통해 자가수분을 회피하는데 수술이 꽃가루를 내놓는 시기와 암술이 준비되는 시기를 다르게 조절하거나, 자기 꽃가루가 닿으면 화학적 신호로 꽃가루관의 성장을 막는 경우도 있다. 이 모든 전략은 근친교배를 피하고 유전자 다양성을 보존하려는 자연의 섬세한 설계다.

스스로의 건강한 번식을 위해 세대를 이어가는 규율을 지켜온 것이다. 자연 속 식물의 이 선택과 배려는 단순한 생물학적 전략을 넘어, '서로 다른 것과 만나야 생명이 꽃핀다'라는 인문학적 진리를 우리에게 속삭인다.

꽃가루를 옮기는 중매쟁이들

식물의 결혼을 돕는 존재들이 있는데 그들은 바로 꽃가루 매개자 즉 중매쟁이로 'Pollinator(포리네이터)'라 불린다. 벌, 나비, 딱정벌레, 그리고 다양한 곤충들이 그 역할을 수행하며, 그중 꿀벌은 단연 최고의 중매쟁이다. 식물은 이들을 유혹하기 위해 향기로운 꽃

잎과 달콤한 꿀을 내놓는다. 그 달콤함은 단순한 기쁨이 아니라 생명을 잇는 계약의 표시이자 세대와 세대를 연결하는 자연의 조율이다,

반면, 바람을 이용하는 식물도 있는데 소나무가 뿜어내는 누런 꽃가루는 봄바람을 타고 먼 곳까지 날아가는데 효율은 낮지만, 그 작은 먼지가 새로운 생명을 멀리 퍼뜨리는 역할을 한다. 자연은 이렇게 서로 다른 방식으로 생명을 이어가며 중매쟁이들은 눈에 보이지 않는 결혼식의 은밀한 조력자들인 셈이다.

꽃가루를 옮기는 벌 한 마리, 바람에 흩날리는 소나무 꽃가루 한 알, 이 모든 것이 결국 세상을 이어주는 보이지 않는 손으로 자연의 결혼식은 오늘도 조용히, 끊임없이 진행되고 있다.

식물들의 은밀한 첫날 밤

꽃이 피어나고 수꽃의 꽃가루가 암꽃의 암술을 찾아 도달하면 식물의 세계에서는 인간의 결혼식과 비견할 만큼 은밀하고 경이로운 사건이 펼쳐진다. 이를 '수분'이라 부르며 꽃가루관을 타고 정자세포가 밑씨 속 난자세포에 닿는 순간 새 생명의 장이 시작된다. 흥미로운 점은 종자식물의 대부분(95%)을 차지하는 속씨식물은 한 번의 결합으로 끝나지 않고 두 번의 수정, 즉 '중복수정

(double fertilization)'을 거친다는 것이다.

꽃가루가 암술에 닿으면 두 개의 정핵이 형성되는데 하나의 정핵은 난세포를 만나 새로운 개체가 될 '배'를 만들고 또 하나의 정핵은 극핵과 만나 '배젖'을 만든다. 배는 앞으로 싹틀 식물의 몸이 될 부분이며 배젖은 새 생명을 키우는 영양 저장소로 자연이 세밀하게 설계한 '생명의 요람'이라 할 수 있다.

대표적인 예로 감의 씨를 반으로 가르면 가운데 희고 단단한 부분이 배이고, 그 주위를 감싸는 부드러운 조직이 바로 배젖이다. 마치 부모가 아이를 감싸 보호하는 것처럼 식물은 씨앗 속에서 새로운 생명을 안전하게 품는다.

이 작은 씨앗 안에서 벌어지는 은밀한 결합은 생명이라는 이야기가 세대를 넘어 이어지는 서사의 시작이자 자연이 우리에게 속삭이는 생명의 신비와 섬세함의 증거다.

서로를 찾아 만나는 사랑 이야기

식물의 결혼식은 단순한 생물학적 과정이 아니라 생명의 깊은 철학과 섬세한 전략이 얽힌 자연의 드라마이다. 잎을 키우고, 줄기를 세우며, 뿌리를 깊게 내린 모든 과정은 다음 세대에 생명을 이어주기 위한 준비이며 꽃을 피우는 순간은 성숙과 존재의 선언이자 사랑과 만남의 시작이다. 수꽃의 꽃가루가 암꽃을 찾아가는 여정, 중매쟁이인 벌과 나비의 손길, 바람에 실려 먼 곳으로 날아가는 꽃가루, 그리고 은밀한 첫날 밤과 중복수정을 거친 씨앗 속 배와 배젖까지. 이 모든 과정은 서로 다른 존재들이 만나 새로운 생명을 꽃피우는 자연의 신중한 설계이자 세대를 연결하는 보이지 않는 약속이다.

자연이 전하는 이 은밀하고도 숭고한 이야기 속에서 우리 또한 삶과 사랑, 그리고 관계의 의미를 다시금 돌아보게 된다. 생명은 서로를 찾아 만나고 또 다른 생명을 품으며 아름다운 약속을 오늘도 이어가고 있다.

민들레 씨앗여행

6.
씨앗의 여행,
목숨을 담보한
머나먼 여정

보이지 않는 분가, 독립의 시작

사람은 성장하면 부모의 집을 떠나 스스로의 삶을 시작한다. 그것은 설렘과 두려움이 공존하는 '분가'이지만 적어도 어디로 가고 어떤 삶을 살지 스스로 선택할 수 있다. 그러나 식물의 분가는 전혀 다르며 그들의 이동은 능동이 아니라 운명이다.

씨앗은 자신이 어디로 던져질지 빛이 있는지 없는지 물이 있는지조차 모른 채 세상으로 내던져진다. 식물에게 씨앗의 여행은 곧 목숨을 담보로 한 이사로 모든 것을 잃을 수도 있지만 바로 그 선택 불가능한 여정 위에서만 '다음 생명'이라는 기회가 열린다. 도착한 장소가 척박하면 싹을 틔우지 못한 채 생이 거기서 끝나지만 조건이 맞으면 그 한 알은 숲을 바꾸고 생태계를 뒤흔드는 시작이 된다.

길가의 금이 간 아스팔트 틈에서도, 콘크리트 중앙분리대에서도, 지붕 가장자리나 벽의 틈새에서도 식물은 싹을 틔운다. 비록 그것이 흙이라 부르기 어려운 먼지 한 줌, 낙엽 부스러기뿐일지라도 식물은 "이 정도면 충분하다."라고 말하듯 그곳에서 새로운 삶을 시작한다. 아무것도 없을 것만 같았던 자리에서조차 다시 시작을 선택하는 존재. 그것이 바로 씨앗이며 식물이 세계와 맺는 방식이다.

바람 따라 떠나는 씨앗, 가벼운 전략

씨앗이 자연에서 가장 많이 선택한 이동 방식은 비람에 몸을 맡기는 것으로 가벼움을 허약함이 아니라 이동을 위한 치밀한 설계로 이용한다.

민들레는 눈송이만 한 씨앗에 기압의 흐름까지 계산한 듯한 관모(솜털 낙하산)를 달고 하늘로 오르며, 버드나무의 씨앗은 눈처럼 흩날리는 하얀 솜뭉치가 되어 마치 어디든 좋다는 듯 바람과 함께

민들레 종자털

단풍나무 종자

떠돌아다닌다. 날개를 단 씨앗들도 있는데 어떤 식물은 곤충처럼 상승기류를 타도록 각도를 세밀하게 조정해 두었고, 단풍나무 씨앗은 빙글빙글 회전하며 떨어지는 작은 헬리콥터처럼 항공역학을 구현해 낸다.

이들의 행동에는 '더 멀리, 더 오래, 더 넓게'라는 목표가 숨어 있다. 조금이라도 더 많은 가능성에 닿기 위해 식물은 자신을 가볍게 만들고 비워내며 그렇게 해서 세상으로 더 멀리 나아가는 것이다. 식물에게 '가볍다'라는 것은 위험요소가 아니라 지구를 여행하기 위한 가장 정교한 생존 방식이다.

터져야 살아남는다, 기계처럼 발사되는 씨앗

봉선화나 제비꽃의 씨앗은 '터져서 멀리 간다'라는 전략을 선택했다. 열매가 성숙하면 내부 조직이 팽팽하게 감겨 있다가 작은 자극에도 톡! 하고 터지며 씨앗을 사방으로 날린다. 마치 스스로를 폭발시켜 새로운 세상으로 뛰어드는 작은 전사들과 같다. 작은 씨앗 하나가 때로는 몇 미터 이상 날아가며 새로운 터전을 찾아 떠나는데 이 순간의 폭발은 단순한 움직임이 아니다.

씨앗은 수개월 길게는 수년 동안 내부 에너지를 저장하고 때를 기다려 단 한 번의 기회를 포착한다. 생명은

그 짧은 순간을 위해 모든 시간을 준비하고 있어 씨앗 하나에도 인내와 계획 전략과 타이밍이 담겨 있다. 그렇기에 이 작은 폭발 속에는 생존을 위한 치밀함과 세상에 자신의 존재를 새기는 강렬한 의지가 숨어 있다.

동물을 이용한 여행, 편승이 아닌 공생

어떤 씨앗은 탁월한 운송수단을 지는 동물을 활용하는데 이를 '동물산포(動物散布)'라고 부르며 여러 가지의 방식으로 나뉜다.

첫째, 부착형으로 씨앗 표면에 갈고리나 가시가 있어 동물의 털이나 사람의 옷에 달라붙는 방식이다. 산책하다가 바지에 풀씨가 붙는 경험이 있을 텐데, 부착형 씨앗

이 붙은 것이다. 흥미로운 사실은 이 전략에서 착안해 벨크로(찍찍이)가 발명되었다는 것이다. 스위스의 조지 드 메스트랄(George de Mestral)은 산책 중 개의 털과 자신의 옷에 붙은 도꼬마리 씨앗을 관찰했고 씨앗의 갈고리 구조를 본떠 산업 전반에 활용되는 벨크로를 만들어냈다. 대표적인 부착형 씨앗으로는 도깨비바늘, 우슬(쇠무릎), 도꼬마리 등이 있다.

둘째, 저식형으로 다람쥐나 청설모처럼 겨울을 대비해 씨앗이나 견과류를 땅에 묻어두는 동물들을 활용하는 방식이다. 이들이

묻어둔 씨앗을 깜빡 잊고 찾지 못하면 그 자리에서 씨앗은 싹을 틔우고 새로운 생명이 시작되는데 본의 아니게 다람쥐가 '씨앗 심는 자'가 되는 셈이다.

셋째, 피식형으로 달콤한 과육과 함께 동물에게 먹히고 소화되지 않은 씨앗이 배설물과 함께 멀리 퍼지는 방식이다. 이 방식은 대부분의 열매가 활용하는 전략이며 단순한 이동이 아닌 영양과 보호까지 함께 제공하는 공생의 설계다. 특이한 사례로 나무 위에 사는 겨우살이가 있는데 이 식물의 씨앗은 새가 먹은 뒤 배설할 때에도 꽁무니에 끈끈하게 달라붙어 잘 떨어지지 않는다. 그래서 새가 나뭇가지에 몸을 비비며 닦아낼 때 비로소 씨앗이 떨어지고, 자연스럽게 다른 나무의 가지에 옮겨 심긴다. 끈적거림 덕분에 새로운 삶의 터전을 얻는 것이다.

이 밖에도 씨앗은 물에 떠다니거나 중력에 의해 땅으로 떨어지는 방식으로 이동하기도 한다. 결국 씨앗의 여행은 단순한 퍼뜨림이 아니라, '세상과 맺는 정교한 약속이자 공생의 계산'인 셈이다.

씨앗의 여행은 곧 생존의 철학

식물은 스스로 걸을 수 없지만 씨앗은 대신 걷고, 대신 날고, 대신 선택하는 것으로 그 작은 몸 안에는 살아남아야 한다는 생명의 가장 원초적인 윤리가 깃들어 있다. 씨앗의 여정은 단순한 이동이 아니라 수백만 년 동안 다듬어진 생존의 전략이자 생명의 역사로, 우리가 무심히 지나치는 한 송이 풀꽃의 뒤에는 목숨을 담보로 한 머나먼 여행과 치열한 전략이 숨겨져 있다. 씨앗의 작은 몸짓 하나하나가 세상과 맺은 정교한 약속이자 생명의 철학인 셈이다. 씨앗이 떠나는 여행 덕분에 새로운 땅에서 새로운 생명이 싹트고 생명의 이야기는 다시 이어진다. 씨앗 하나하나가 들려주는 이야기는 결국 멈추지 않고 이어지는 생명의 위대함을 우리에게 일깨운다.

단풍

7.
단풍의 미학,
잎의 마지막
수채화

색동옷으로 갈아입는 가을 단풍

무더운 여름이 물러가고 선선한 바람이 불어오면 산의 나무들은 하나둘씩 아끼던 초록빛 옷을 벗고 붉고 노란 색동옷으로 갈아입는다. 그 변화는 서두르지 않지만, 결코 머뭇거리지도 않는데 어느새 산과 들은 붉은 물결로 출렁이며 자연이라는 거대한 화가가 붓질하듯 계절의 마지막 수채화를 그려낸다. 이것이 바로 '가을 단풍'이다.

단풍은 세상의 어떤 물감으로도 흉내 낼 수 없는 색으로 햇살과 바람, 그리고 한 계절의 시간들이 만들어낸 오직 자연만의 빛이기에 사람들은 매년 이 짧은 순간을 기다리고 또 감탄한다. 그러나 단풍은 단순한 색의 축제가 아니다. 그 화려함은 나무가 생을 이어가기 위해 준비하는 이별의 의식이자 자연이 우리에게 건네는 아름다운 작별의 인사다. 잎이 붉게 타오르는 것은 소멸의 전조가 아니라 다음 생을 위한 약속이고 잎의 길을 마무리하며 남은 영양분을 줄기로 되돌려보낸 후 미련 없이 잎을 놓는다. 그 과정에서 비로소 붉고 노란빛이 피어난다. 즉, 단풍의 아름다움은 단순한 생명의 끝이 아니라 비움으로 이어지는 완성의 순간이다.

마지막 잎새의 몸부림, 단풍의 과학

식물의 잎에는 초록빛 엽록소와 노란빛 카로티노이드가 함께 들어 있으며 여름 동안에는 엽록소가 압도적으로 많아 나뭇잎은 온통 초록으로 보이는데 하지만 가을이 되면 이야기는 달라진다.

기온이 내려가면 나무는 다가올 겨울을 준비하며 '떨켜층'이라는 차단막을 만드는데 이 막은 잎과 가지 사이를 가로막아 물과 양분이 더 이상 원활히 공급되지 못하게 한다.

그 결과 여름 내내 초록빛을 책임졌던 엽록소는 서서히 분해되며 사라지고 그동안 엽록소에 가려져 있던 노란색, 주황색 계열의 카로티노이드가 얼굴을 내밀어 노란색이나 주황색의 단풍을 만든다.

한편 잎 속에 남아 있는 포도당은 화학적 변화를 거쳐 붉은색이나 보라색 계열의 안

은행나무의 노란단풍

복자기단풍의 붉은 단풍

토시아닌으로 변하면서 나뭇잎은 초록에서 붉은빛 계열의 색으로 점점 물들어 간다. 같은 나무 또는 같은 가지라 하더라도 잎마다 단풍색이 조금씩 다른 이유는 간단치 않다. 나무의 종류, 잎 속 색소의 농도, 그리고 날씨와 햇빛의 변화가 서로 어우러져 만들어내는 자연이 섬세한 조화 때문이다.

단풍 그리고 낙엽, 화려한 안녕의 방식

단풍은 단순히 나무가 아름다움을 뽐내는 장식이 아니라 그것은 한 잎이 생을 마감하며 나무가 세상에 건네는 마지막 인사다. 나무는 혹독한 겨울을 견디기 위해 '낙엽'이라는 이름으로 잎을 떨구지만, 그 전에 마지막 남은 힘으로 자신을 가장 빛나는 색으로 장식한다. 그래서 단풍은 찬란하면서도 어딘가 쓸쓸하고, 아름다움 속에 깊은 이별의 정서를 품고 있다.

맑은 날과 큰 일교차는 단풍을 더욱 선명하게 만들고, 온도와 습도, 햇빛의 미묘한 변화에 따라 잎마다 다른 색을 띤다. 한 그루의 나무 안에서도 수십 가지 색이 어우러지는 것은 잎 속에 들어 있는 다양한 색소와 화학물질이 만들어내는 자연의 조화로운 예술이기 때문이다.

단풍의 색은 단순한 미적 현상이 아니라 생명을 이어가기 위한 나무의 지혜이자 생의 마지막 순간에 피워낸 예술이다. 그 화려한 작별 속에서 자연은 우리에게 조용히 속삭인다. "끝은 언제나 또 다른 시작으로 이어진다."

사라져 가는 단풍, 기후가 보내는 경고

우리나라의 단풍은 아름다움으로 널리 알려져 있어 매년 많은 사람들은 물론 외국인 관광객들까지 산과 들을 찾아 단풍놀이를 즐긴다. 단풍 이야기를 들으면 자연스레 떠오르는 풍경은 붉고 노란 빛깔로 물든 숲, 가족과 친구가 함께 걷던 행복한 기억이다. 하지만 최근 단풍은 우리에게 슬픈 소식도 전하고 있다.

지구온난화로 단풍 시기가 점점 늦춰지고 한반도의 평균 기온 상승으로 전통적인 낙엽수의 서식지가 줄어들어 그 빈자리를 남쪽에서 올라온 아열대성 상록수들이 차지하면서 언젠가는 지금의 화려한 가을 단풍 풍경이 오직 과거의 추억 속에서만 존재할지도 모른다는 우려가 커지고 있다.

우리의 가을을 붉고 노랗게 물들였던 단풍나무, 붉나무, 화살나무, 옻나무… 그들이 만들어낸 오색찬란한 풍경은 단순한 계절의 변화가 아니라 자연이 인간에게 보내는 소중한 선물이었다. 하지만 그 선물은 점점 멀어지고 있다. 우리에게 남은 것은 그 아름다

움을 지키기 위한 마음과 행동 그리고 자연이 보내는 경고에 귀 기울이는 일뿐이다.

우리의 가을을 붉고 노랗게 물들였던 단풍나무, 붉나무, 화살나무, 옻나무… 그들이 만들어낸 오색찬란한 풍경은 단순한 계절의 변화가 아니라 자연이 인간에게 보내는 소중한 선물이었다. 하지만 그 선물은 점점 멀어지고 있다. 우리에게 남은 것은 그 아름다움을 지키기 위한 마음과 행동 그리고 자연이 보내는 경고에 귀 기울이는 일뿐이다.

오매 단풍들것네!

오매, 단풍들것네
장광에 골불은 감잎 날러오아
누이는 놀란 듯이 치어다보며
오매, 단풍들것네…

– 김영랑, 「오.매 단풍들것네」

김영랑 시인의 이 시는 장독대에 감잎 하나 툭 떨어지는 순간에도 계절의 변화를 감지하던 옛사람들의 섬세한 감수성을 전한다. 누이의 놀란 눈빛 속에는 단풍이 물드는 가을의 설렘과 그 변화를 바라보는 시인의 다정한 시선이 고스란히 녹아 있다. 색동옷으로 갈아입은 나무 아래서 가족과 함께 단풍길을 걸어보자. 바스락거리는 낙엽 소리와 함께 계절의 시 한 구절이 마음속에 내려앉을 것이다. 그리고 문득 깨닫게 될지도 모른다. 자연이 붉게 물드는 이유는 우리에게 말없이 전하려는 것, "이 순간을 사랑하라."라는 계절의 속삭임이라는 사실을.

나무의 나이테

8.
나이테의 과학, 과거에서 배우는 미래

나이테에 기록된 식물의 시간

사람들은 태어나면 곧바로 출생신고를 하고 생년월일까지 분명하게 기록된다. 그래서 살아온 시간을 '나이'라는 숫자로 손쉽게 확인하며 인생의 흐름을 나이와 함께 기억한다. 하지만 자연 속에서 살아가는 생명들은 다르다. 숲의 나무나 들판의 식물은 언제 태어났는지 기록해주는 사람도 방향을 정해주는 달력도 없이 그저 계절의 흐름에 몸을 맡긴 채 살아간다. 그렇다면 그들의 삶의 길이 다시 말해 나이는 어떻게 알 수 있을까?

동물의 경우 치아를 통해 대략적인 나이를 추정할 수 있다고 한다. 한 번도 말해준 적 없지만 그들의 몸에는 시간이 은밀하게 새겨져 있는 셈이다. 그렇다면 식물은 어떨까? 매년 똑같아 보이는 나무가 실제로 몇 해를 살아왔는지 그 안에 어떤 계절을 통과해왔는지는 어떻게 알 수 있을까?

나무에 새겨진 연대기, 나이테

나무를 가로로 자르면 둥글게 겹겹이 쌓인 고리가 나타난다. 바로 '나이테'로 동심원 하나하나에는 '그해 나는 이렇게 살았다'라는 나무의 조용한 일기가 새겨져 있다. 세로로 자른 목재에서는 가늘고 길쭉한 선의 무늬로 나타나 마치 시간의 층위를 따라 펼쳐지는 길고 깊은 계단처럼 보이기도 한다.

나이테가 생기는 원리는 계절에 따른 성장 속도의 차이로 생기는데 자연스럽고 단순하다. 봄과 여름, 햇살과 비를 품은 계절에는 세포 분열이 활발해지며 밝고 부드러운 띠가 만들어지고, 가을과 겨울이 찾아와 생장이 멈추면 작고 단단하며 짙은 띠가 그 뒤를 잇는다. 이렇게 밝음과 어둠이 한 번 교차할 때마다 나무는 한 해를 묵묵히 넘긴다. 결국 나이테란 눈에 보이지 않는 계절의 온도와 바람 그리고 그 나무가 버텨낸 삶의 리듬이 겹겹이 새겨진 시간의 숨결 그 자체다.

나이테가 들려주는 그날의 일기

나이테의 간격은 당시 나무가 자란 환경을 반영하는 것으로 간격이 넓을수록 물과 영양이 풍부하고 생장 조건이 좋았다는 뜻이고 좁고 촘촘한 나이테는 가뭄, 병충해, 혹은 추운 날씨 등 나무의 생장을 방해하는 환경이었음을 말해준다. 또한 계절 변화가 뚜렷한 지역일수록 나이테가 선명하게 나타나며 열대우림처럼 연중 따뜻한 지역에서는 나이테가 잘 구분되지 않거나 없다.

나이테는 그 나무가 살아온 동안 겪은 환경의 흔적을 그대로 간직하고 있는데 이러한 특성 때문에 최근에는 오래된 수목의 나이테를 분석하여 과거의 기후를 복원하고 이를 통해 미래의 기후변화를 예측하는 연구에 활용되기도 한다. 나무는 말이 없지만, 그 안에는 시간과 그날의 이야기가 새겨져 있는 셈이다.

산속에서 길을 잃었을 때 나무를 잘라 나이테의 두께 차이를 보고 남쪽과 북쪽을 구별할 수 있다는 말이 있다. 햇빛을 더 많이 받는 남쪽이 넓고, 북쪽은 좁게 자란다는 논리다. 하지만 이는 과학적으로 입증된 사실은 아니며 실제로 나이테의 간격은 햇빛뿐 아니라 토양, 수분, 병충해, 경사면 방향 등 다양한 환경 요소에 영향을 받기 때문에 단순히 방향을 알아내는 지표로 삼기엔 무리가 있지만, 나무가 겪은 시간과 환경의 이야기를 읽는 데에는 충분히 흥미로운 단서가 된다.

한 해에 두 살을 먹는 나무

우리나라처럼 사계절이 뚜렷한 곳에서는 보통 한 해에 하나의 나이테가 만들어지는데 때로는 한 해에 두 개의 나이테를 새기기도 한다. 병충해나 갑작스러운 환경 변화로 잎을 잃고 성장이 멈췄다가 다시 회복하며 새잎을 내는 경우인데 이때 나무 안에서는 두 번의 생장 정지가 발생하고 희미한 나이테가 하나 더 생기는 것으로 마치 나무가 한 해 안에서도 두 번의 계절을 겪는 것처럼 시간을 두 번 새기는 셈이다. 이와 관련해 재미있는 실험 이야기가 있다.

방학 기간에 초등학생들을 대상으로 진행한 '자연학습 프로그램'에서 화분을 냉장고에 일정 기간 넣었다가 다시 꺼내 놓으면 한 해에 두 개 이상의 나이테가 생길 수 있다고 설명한 적이 있다. 원

냉장고에 들어간 화분

리는 화분 속 나무가 정상적으로 자라다가 갑작스럽게 냉장고 속의 낮은 온도에 노출되면 겨울이 왔다고 인식하고 잎을 떨구면서 성장을 멈추는데, 이후 냉장고에서 다시 꺼내 놓으면 봄이 왔다고 판단하고 성장을 재개하여 희미한 나이테가 생기는 것이다. 실제로 이 이야기를 들은 한 학생은 집에 돌아가 화분을 냉장고에 넣었다가 어머니에게 크게 혼났다고 말하던 아이들의 모습이 아직도 생각난다.

어머니의 눈에는 아이의 장난으로 보였겠지만, 호기심과 관찰력, 실험 정신의 한 단면이라 할 수 있다. 혹시 이 책을 읽는 어린 독자가 같은 실험을 하고 싶어 한다면 부모님들은 아이의 작은 호기심이 훌륭한 과학자의 씨앗이 될 수 있음을 기억하며 응원해주면 좋겠다.

나의 나이테는 어떤 모습일까?

나무의 나이테가 그 나무의 삶을 고스란히 기록하듯, 우리 안에도 눈에 보이지 않는 나이테가 새겨져 있다. 성장이 더딘 겨울 같은 시간, 뜻밖의 어려움 속에 움츠러들던 순간, 그리고 다시 일어나 새 출발을 맞이하는 날들. 모두가 저마다의 나이테를 새기며 살아간다. 지금 잠시 멈춰 나이테를 들여다보는 것으로 삶을 이해하고 배우는 시간을 가져보는 것은 어떨까? 나무가 계절을 견디며 내일을 준비하듯, 우리도 지난 시간을 소중히 바라볼 때 비로소 자신만의 삶의 리듬을 느낄 수 있게 될 것이다.

3장.
옛 나무에게
듣는 인문학

정자나무(출처: 국가유산청)

1.
신성한 나무,
모시는 나무와
쫓는 나무

신과 귀신의 의미

인간은 눈에 보이는 것만으로는 삶을 설명할 수 없을 때 그 빈자리를 '신(神)'과 '귀신(鬼神)'이라는 개념으로 채웠는데 이 두 단어는 자주 함께 등장하지만, 그 정서의 방향은 극명하게 갈린다.

신은 하늘 위에서 내려다보는 존재로 구원과 보호, 축복을 상징한다. 사람보다 높은 차원의 질서를 구현하며 '의지하고 빌 수 있는 절대적인 힘'으로 오랫동안 인간과 함께해 왔다.

반면 귀신은 하늘이 아닌 그림자에서 태어난다. 설명되지 않는 두려움, 꿈과 현실 사이의 불안, 인간이 통제할 수 없는 운명 등이 어두운 형상을 얻어 '귀신'이 된 것이다. 귀신은 존재 그 자체보다 '인간이 만들어낸 공포의 집약체'라는 점에서 더 문학적이고 심리적이다.

　이렇듯 신은 인간이 바라보는 이상과 희망의 방향에서 태어나고, 귀신은 인간이 외면하고 싶은 두려움과 불안에서 만들어진다. 그런데 더 흥미로운 사실은 인간이 나무를 대하는 방식 속에서도 이 이분법이 그대로 나타난다는 점이다. 어떤 나무는 마을을 지키는 '신목(神木)'이 되었고, 어떤 나무는 귀신을 쫓는 '벼락 맞은 나무'가 되었다. 예부터 나무는 단순한 식물이 아니라 보이지 않는 세계와 연결된 통로이자 인간의 마음이 투영되는 신성한 그릇이었다.

마을을 지켜주는 신성한 나무

　어린 시절 마을로 들어서는 길목에는 어김없이 한 그루의 거대한 나무가 서 있었다. 그것은 단순한 나무가 아니라 세월과 바람이

깃든 하나의 '경계'이자 눈에 보이지 않는 세계를 가르는 문턱이었다. 사람들은 그 나무를 '당산목', '수호목', 혹은 '정자나무'라 부르면서 더운 여름날이면 나무 그늘에서 바람을 쐬며 쉬어 가는 곳이었지만 동시에 기원과 고백이 올려지는 가장 신성한 장소이기도 했다. 마을이 평화롭게 존재할 수 있었던 것은 지금도 그 자리에 묵묵히 서 있는 그 나무 덕분이라 여겼다.

그 나무는 눈으로 보이는 생명 그 이상으로 풍년이 이어졌을 때는 감사의 제사가, 가뭄과 전염병이 돌면 간절한 기복이 올려졌다. 느티나무, 팽나무, 은행나무 같은 수종이 주로 그 역할을 맡았는데 그들의 몸통에 패여 있는 깊은 상처는 단지 자연이 남긴 흔적이 아니라 마을이 견뎌낸 고난과 기쁨의 연대기였다. 나무는 말이 없지만, 그 침묵 속에 마을의 세대를 품은 '살아 있는 기록자'였던 것이다. 그래서 사람들은 감히 그 가지 하나도 함부로 자르지 않았다. 단순히 자연을 해치는 일이 아니라 마을의 운명, 보이지 않는 질서를 거스르는 행위로 여겨졌기 때문이다. 나무는 단지 그 자리에 서 있는 것이 아니라 보이지 않는 것들을 지키기 위해 서 있는 존재였다.

가시나 냄새로 귀신을 쫓는다

사람들은 보이지 않는 두려움을 이성으로 설명할 수 없을 때 자연 속에서 '방패'를 찾아내려 했는데 그 가운데 가장 직관적인 힘으로 받아들여졌던 것이 바로 '가시'와 '냄새'였다. 눈에 보이는 가시는 공격의 상징이 되었고 눈에 보이지 않는 냄새는 보이지 않는 세계를 정화하는 힘으로 여겨졌다. 그래서 예로부터 가시가 돋은 나무나 강한 냄새를 가진 나무들은 귀신이나 액운을 막는 수호의 나무로 여겨졌다.

대표적인 수호의 나무가 바로 음나무(엄나무)다. 줄기 전체를 뒤덮은 날카로운 가시는 자연의 경계선을 긋는 날카로운 칼날처럼 보인다. 과거 사람들은 대문 위에 음나무 가지를 매달거나 마을 어귀에 음나무를 심어 외부에서 들어오는 사악한 기운을 막고자 했다. 귀신이 그 가시를 보고도 못 들어온다는 이야기부터 도포 자락이 계속 걸려 성가셔서 그냥 돌아간다는 우스갯소리까지 그 모든 속설 속에는 '가시를 두려워하는 것은 귀신이 아니라 인간의 불안'이라는 심리적 진실이 함께 담겨 있다. 어쩌면 우리는 귀신을 쫓으려 한 것이 아니라 불안을 붙잡고 있는 우리 자신의 마음을 잠시 진정시키려 했는지 모른다.

음나무에 이어 산초나무는 가시와 더불어 매운 향을 지닌 까닭에 귀신이 접근하지 못한다고 믿었다. 특히 산초나무로 만든 지팡

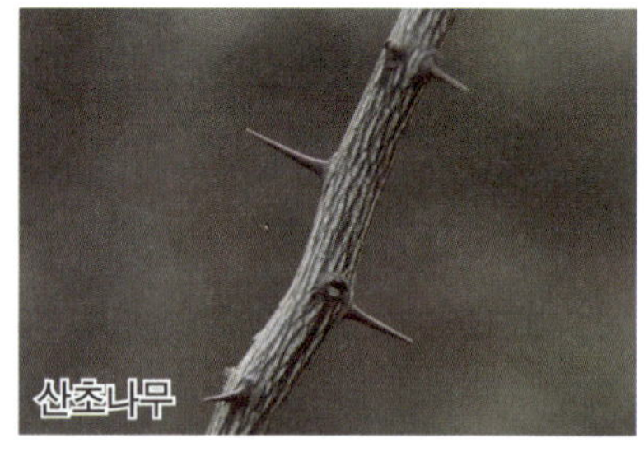

이는 노인이 병과 액운을 물리치며 걷는 '보이지 않는 무기'로 여겨졌다. 측백나무와 함께 담가 만든 초백주(椒柏酒)를 섣달그믐날 마시는 풍습 또한 한 해의 마지막 밤, 떠도는 잡귀를 국경 넘듯 내보내기 위한 일종의 정신적 '의식'이었다.

이 모든 이야기들은 과학이 아니라 '상징'의 언어로 쓰였다. 그러나 그 안에는 분명한 사실 하나가 있다. 인간은 항상 자연의 형상을 빌려 눈에 보이지 않는 세계까지 다스리려 했다. 그리고 그때 자연은 언제나 우리 편이 되어 주었다는 것이다.

이름이나 형상으로 귀신을 쫓는 나무

인간은 자연을 단순히 있는 그대로 보지 않았다. 나무의 모양은 곧 하나의 상징이 되었고 그 색과 이름은 보이지 않는 세계를 다루기 위한 '언어'가 되었으며 특히 귀신이나 액운을 쫓는 나무는 형상과 색, 그리고 이름 자체가 주술의 성격을 가지기도 했다.

화살나무 가지는 마치 화살 촉 같은 날개가 붙어 있는 독특한 형상을 하고 있어 그 모습이 마치 보이지 않는 세계로 쏘아 올리는 영적 무기처럼 여겨져 '귀신을 쫓는 화살'

이라는 뜻의 귀전우(鬼箭羽) 혹은 '신성한 화살나무'라는 뜻의 신전목(神箭木)이라는 이름까지 얻었다. 실제로 도인들이 화살나무를

활용하여 병을 고치거나 부적으로 사용했다는 기록이 남아 있는데, 이때 화살나무는 단순한 식물이 아니라 '눈에 보이지 않는 두려움을 맞서는 상징' 그 자체였다.

주목(朱木)은 그 이름에 이미 신앙이 깃든 나무로 나무껍질 속이 붉어 '붉을 朱(주)' 자를 써서 '주목'이라 부르는데 붉은빛은 오래전부터 악귀를 쫓는 색으로 여겨졌다. 그래서

노인에게 주목 지팡이를 선물하는 것은 단순한 지팡이가 아니라 수명을 지켜줄 '보이지 않는 붉은 갑옷'을 전해주는 행위로 받아들여졌다.

대추나무 또한 붉은 열매와 작은 가시를 지녔다는 이유로 귀신을 물리치는 나무로 여겨졌는데 혼례상에 올리는 대추는 단순한 과일이 아니라 자손 번창과 악귀 퇴치라는 염

원이 동시에 담긴 주술적 매개체였다. 붉다는 것은 생명의 빛이자 두려움의 그림자를 몰아내는 태양의 색이기 때문이다.

형태와 색, 그리고 이름은 인간이 자연을 통해 보이지 않는 세계를 다스리고자 했던 가장 오래된 방식이었다. 나무는 단지 나무가

아니라 눈에 보이지 않는 세계와의 대화를 가능하게 하는 가장 원초적인 상징과 언어였다.

위엄과 수호의 품격을 가진 나무들

회화나무는 그 자체가 하나의 위엄이 있는데 가지의 선이 우아하고 수관이 넓게 펼쳐져 멀리서 보면 한 채의 정자를 대신하는 듯한 품격을 지녔다. 그래서 궁궐과 향교, 서원, 서당의 문 앞에는 어김없이 이 나무가 자리했는데 길한 기운을 불러오는 '길상(吉祥)의 나무', 학문과 덕망을 상징하는 '학자수(學者樹)'로 여겨졌기 때문이다. 사람들은 오래된 회화나무 속에 신선이 깃들어 있다고 믿었고 그 곁에서는 잡귀나 재앙이 감히 머물지 못한다고 여겼다.

향나무는 향(香)의 힘으로 세속과 신령의 경계를 잇는 나무로 궁

창덕궁 향나무(출처: 국가유산청)

궐과 사찰, 능, 사대부가에 심어져 공기와 마음을 맑게 하는 존재로 여겨졌으며 뿌리가 물을 정화한다고 하여 우물가에 두기도 했다. 줄기와 잎에서 풍기는 향은 부정을 씻고 잡귀를 물리치는 보이지 않는 방호막처럼 여겨졌기에 향나무 앞에서는 사람들 스스로 자세를 가다듬었다.

복숭아나무는 태양의 기운을 품은 '양기의 정수'로 여겨져 무속에서는 가장 강력한 호신부이자 주술의 나무였다. 복숭아나무로 부적이나 도장을 만들었던 것도 이것 때문이며 제사상에 오르지 않는 이유 또한 조상의 혼을 맞이하는 자리에서는 그 양기가 지나치게 강하다고 보았기 때문이다.

나무에 기대어 마음을 쉬다

우리는 오래전부터 나무를 단순한 식물이 아니라 '보이지 않는 세계와의 경계'로 대했다. 그들은 뿌리로 땅속의 어둠을 품고, 가지로 하늘의 빛을 끌어안으며, 인간이 쉽게 닿을 수 없는 조화의 질서를 조용히 증명해왔다. 잡귀를 막는다는 믿음도, 복을 부른다는 염원도 결국 미신이 아니라 혼란한 세상에서 마음의 질서를 되찾고자 했던 인간의 간절함이었다. 때로는 집 앞에 서 있는 한 그루의 나무가 어떤 경계보다 든든한 안심이 되고 어떤 말보다 깊은 위로가 되는 순간이 있다. 이유를 설명할 수 없이 막막하거나 불안이 찾아올 때나 나무에 기대어 소통할 때 몸과 마음의 위로가 되어줄 것이다.

용문사 은행나무(출처: 국가유산청)

2.
나무들의
사랑 언어,
주는 것과
받는 것

나무들의 사랑 표현

누군가를 사랑하는 것은 그 자체로 마음 깊이 스며드는 기쁨과 행복을 주는 것으로 사랑의 방식은 시대와 문화에 따라 끊임없이 변해 왔다. 눈빛과 손길, 속삭임, 포옹과 입맞춤에서부터, 오늘날에는 머리 위로 만든 커다란 하트, 손가락 두 개로 만든 '소심한 하트' 등 수많은 이모티콘과 메시지에 이르기까지 인간은 끊임없이 사랑의 언어를 새롭게 창조해 왔다. 그렇다면 움직이지 못하는 나무들은 사랑을 어떻게 표현할까? 말하지도 못하고 손을 맞잡지도 못하는 그들은 계절의 변화를 견디고, 바람과 햇빛을 함께 나누며, 뿌리로 땅을 공유하면서 서로를 의지하는 방식으로 사랑을 나눈다. 서두르지 않기에 눈에 보이는 화려함으로 나타나지 않는다. 하지만 인간의 사랑보다 깊고 오래가며 한 번 맺은 인연을 평생 지키는 성실함으로 드러난다.

온몸으로 표현하는 사랑, 연리지

움직이지 못하는 나무가 사랑을 표현하는 방식 중 하나로 '연리지(連理枝)'가 있는데 서로 다른 뿌리를 가진 두 나무가 오랜 세월 맞닿아 줄기와 가지가 하나처럼 이어지는 현상이다. 본래는 효심 깊은 자식을 뜻했지만, 오늘날에는 부부나 연인의 변치 않는 사랑을 상징한다.

연리지는 긴 세월의 마찰과 껍질이 벗겨지는 고통을 견디며 하나가 되는 것으로 대부분 같은 종에서 나타나지만, 전혀 다른 종이

연결되기도 하는데 이 모습은 생물학적으로도 신비롭다. 연리지의 이야기는 『후한서』의 채옹전에서 전해지는데 효심 깊었던 채옹은 병든 어머니를 위해 삼 년 동안 옷을 갈아입지 않고 70일 넘게 잠도 자지 않았다. 어머니가 세상을 떠난 뒤 무덤 옆에 초막을 지어 애도하던 그 자리에서 두 그루의 나무가 서로 가지를 맞대 하나가 되었다고 한다.

시인 백거이의 『장한가』에도 연리지는 등장한다.

在天願作比翼鳥(재천원작비익조) 하늘에서는 비익조가 되고
在地願為連理枝(재지원위연리지) 땅에서는 연리지가 되기를 바라네

상상의 새, 비익조

비익조와 연리지는 모두 '혼자서는 온전히 존재할 수 없는 존재'로서 비익조는 암수 한 쌍이 서로를 맞대야만 날 수 있는 상상의 새이고, 연리지는 두 나무가 서로 붙어 하나가 되어야 비로소 완전한 모습이 된다. 이는 인간관계에서도 사랑에서도 함께해야 이루어지는 것을 담고 있어 이승에서 이루지 못해도 저승에서 이어지려는 간절한 마음을 담고 있다.

연리지는 사랑과 효심의 상징일 뿐 아니라 마을의 평화와 화합을 기원하는 길조로도 여겨졌다. 연리지 앞에서 기도하면 부부 사이가 화목해진다는 믿음이 있으며 사랑하는 사람의 마음을 얻는다는 전설도 전해진다. 우리나라에서는 충북 괴산의 떡갈나무 연리지, 서울 금천구의 참나무 연리지, 충북 괴산의 소나무 연리지, 제주의 은행나무 연리지 등이 유명하다.

최초로 벼슬을 받은 용문사 은행나무

나무 중에서 벼슬을 받은 나무들이 있는데, 첫 번째 주인공은 경기도 용문사에 우뚝 서 있는 은행나무다. 조선시대 세종 때 사람들은 이 나무에 신령스러운 기운이 깃들어 있다고 믿었고 그 믿음에 따라 이 나무는 정3품 당상직첩(堂上職帖)에 해당하는 벼슬을 하사받았는데 오늘날 기준으로 차관급에 해당하는 높은 지위였다.

용문사 은행나무(출처: 국가유산청)

이 은행나무는 높이 42m, 둘레 14m에 달하며, 수령은 1,100년 이상으로 추정되는데 천연기념물 제30호로 지정될 만큼 역사적·문화적 가치도 뛰어나다. 전설에 따르면 한때 사람들이 나무를 베려 했으나 톱질 자국에서 핏방울이 흘러내리는 듯 보이는 기이한 현상 때문에 두려워하며 손을 멈췄다고 한다. 또한 일제강점기 일본군이 절을 불태웠을 때도 유독 이 나무만은 불타지 않았다고 전해지며 나라에 변고가 있을 때마다 이 나무가 울음소리를 내며 세상의 이상을 알렸다고 전해진다.

용문사 은행나무는 수백 년의 세월 동안 사람들과 함께 호흡하며 신령과 인간, 자연과 역사의 경계를 이어주는 존재였다. 그 곁에 서 있으면 인간의 시간과 자연의 시간을 동시에 느끼게 되며 생명과 존경의 무게를 고스란히 체감하게 된다.

임금의 길을 열어준 정이품송

충북 보은 법주사 입구에는 벼슬을 받은 소나무 정이품송(正二品松)이 서 있는데 이 소나무 역시 인간과 신령, 자연과 역사 속에서 특별한 존재로 존중받았다.

세조가 법주사로 향하던 어느 날 가마가 소나무 가지에 걸리는 일이 있었는데 놀랍게도 소나무가 스스로 가지를 들어 올렸다고 한다. 이에 세조는 신비로운 광경에 깊이 감동하여 돌아오는 길에 잠시 소나무 아래에서 비를 피하며 휴식을 취했다고 하며 이 소나무에 '정이품'의 벼슬을 내렸다. 벼슬을 나무에 내린다는 이야기는 단순한 미담이 아니라 자연과 인간의 교감 그리고 덕과 기운이 깃든 나무에 대한 존중을 상징한다.

오늘날 이 소나무는 천연기념물 제103호로 지정되어 보호받고

있으며 그 웅장한 자태는 방문객들에게 단순한 경관 이상의 감동을 선사한다. 소나무의 굽이진 가지와 넓게 펼쳐진 수관은 마치 세월과 역사의 흐름을 품은 장엄한 존재처럼 보는 이의 마음을 숙연하게 한다.

또한 '정이품송 장자목'이나 '정이품송 아들나무'라는 후손들도
있는데 1998년 정이품송의 씨앗에서 싹을 틔워 서울 올림픽공원
등지에서 자라고 있는 나무들이다.

정이품송은 인간이 자연을 존중하고 자연이 인간에게 응답했던
순간을 기록한 살아있는 증인이며 한 그루의 나무가 인간의 길을
열고 동시에 인간의 마음을 겸손하게 만드는 힘을 지녔다는 사실
을 보여준다.

벼슬은 받았지만 짧은 삶을 마친 나무들

벼슬을 받았지만 오래도록 그 자리를 지키지 못한 나무들도 있
다. 연산군이 어린 시절 즐겨 놀던 소나무는 연산군이 왕이 된 뒤
벼슬을 받았으나 그가 죽자 3년 만에 시들어 말라버렸다고 한다.

정조는 여주 영릉으로 향하던 길에 한 아름다운 소나무를 보고
감탄하며 '옥관자'라는 벼슬을 내렸으나 정조가 세상을 떠나자 이
소나무 역시 몸서리치듯 시들어 버렸다고 전해진다.

고종이 어린 시절 올라가 놀던 운현궁 소나무도 벼슬을 받았지
만, 일제강점기 때 벼락을 맞아 뿌리째 뽑혀 사라지고 말았다고 전
해진다.

이 이야기는 단순한 기록이 아니라 자연과 인간, 그리고 시간 속
에서 피어나는 삶과 죽음, 애정과 존중에 대한 서사다. 나무들이 벼
슬을 받는 순간은 인간의 마음이 깃든 축복이자 기념이지만 그 생
명은 결국 인간과 자연이 함께 짧은 순간을 공유했음을 보여준다.

사랑은 표현할수록 더 깊어진다

흔히 "사랑은 표현할수록 더 깊어지고, 나눌수록 더 단단해진다."라고 한다. 연리지처럼 오랜 세월 서로의 몸과 마음을 맞대며 하나로 엮이는 사랑, 정이품송처럼 누군가의 길을 묵묵히 열어주고 지켜주는 사랑, 벼슬을 받은 나무처럼 함께한 기억을 고스란히 품는 사랑. 나무들은 말하지 않아도 그 존재만으로 우리에게 속삭인다. 사랑이란 결코 화려한 제스처나 거창한 선언이 아니라 오래도록 자리를 지키며 서로의 삶을 받아주고, 함께한 시간을 기억하며, 시간과 공간을 넘어 마음속에서 숨 쉬는 것임을.

나무들이 보여주는 사랑은 인간의 그것보다 더 조용하고도 단단하며 깊고도 넉넉한 품을 지녔다. 그들의 생명 속에 깃든 사랑을 바라보는 순간 우리는 비로소 사랑의 진정한 무게와 온기를 느끼게 된다.

소나무

3.
소나무,
우리 민족의
오랜 친구

한국인이 가장 사랑하는 나무

'우리나라 사람들이 가장 사랑하는 나무는 무엇일까?' 이 질문 앞에서 대부분의 사람들은 주저 없이 한 나무를 떠올리는데 바로 소나무다. 2022년 산림청이 실시한 '가장 선호하는 나무' 국민 설문조사에서도 무려 37.9%가 소나무를 선택했으며 그 뒤를 단풍나무가 따랐다. 이것은 단순한 선호도의 문제가 아니다. 소나무는 사계절 내내 변치 않는 푸르름으로 우리의 겨울을 지켜주었고 가난했던 시절에는 생명을 잇는 구원의 손길이 되어 주었으며 나라가 위기에 처했을 때는 절개와 기개의 상징으로 민족의 정신을 대신해 서 있었다. 그렇기에 소나무는 단지 풍경을 채우는 조경수가 아니라 기쁨과 슬픔, 탄식과 희망의 모든 순간에 묵묵히 곁을 지키며

함께 숨 쉬었던 존재로 우리 민족의 영혼이 깃든 '살아 있는 뿌리'
이자 세대를 넘어 이어지는 정신의 기둥이 되었다.

소나무와 함께한 민족의 희로애락

소나무는 그저 하나의 나무 종류가 아니라 오래전부터 우리 조
상들의 삶과 정신을 상징해 온 눈에 보이지 않는 동반자였다. 아이
가 태어날 때면 대문 앞에 금줄을 걸고 그 위에 생솔가지를 꽂은
풍습은 단순한 전통이 아니라 소나무가 잡귀를 막고 복을 부르는
신성한 수호자로 여겨졌기 때문이다. 새로운 생명이 세상에 첫 발
을 내딛는 순간조차 소나무는 이미 그 곁에 서 있었다.

굶주림이 일상이있던 보릿고개 시절 먹을 것이 떨어저 봄을 넘
기지 못해 쓰러지는 이들이 속출하던 시절에도 소나무는 생명의
마지막 끈이 되어주었다.

'초근목피(草根木皮)'라 부르며 풀뿌리와 나무껍질로 연명하던 사람들에게 봄철 수액이 오르는 시기에 벗겨낸 소나무의 흰 속껍질, 즉 '송기(松肌)'는 희망의 양식이었다. 뜨거운 죽 한 그릇에 가족의 생사를 걸던 시절 소나무는 말없이 굶주린 겨울의 구세주가 되어 주었다.

또한 소나무는 따뜻함의 기억이기도 한데 솔잎은 부엌에 먹거리를 만들 때 불을 피우는 연료가 되었고, 장작이 되었으며, 숯이 되어 긴 겨울을 버티게 한 유일한 불씨였다. 그래서 1970년대 이전의 민둥산들은 오히려 소나무가 인간에게 주었던 헌신의 역사를 반증하고 있었다.

우리는 생의 마지막마저 소나무와 같이하게 되는데 관이 되어 마지막 길을 감싸 주었고 비목이 되어 넋을 지켜주는 것까지, 인생의 시작부터 영면에 이르는 순간까지 소나무는 생명의 처음과 끝을 모두 함께한 나무였다. 우리 민족은 소나무와 함께 태어나고 살아가며 떠나갔다. 그것은 자연의 선택이 아니라 민족의 신뢰이자 세대를 건너온 약속이었다.

끝없이 이어지는 생명과 선물

소나무는 몸을 이루는 모든 것에 이름을 얻었다. 사람들은 그 이

름들을 약재와 음식으로 삼았는데 그것은 단순한 활용이 아니라 생명을 건네받는 감사의 행위에 가까웠다.

땅속 깊은 어둠에서 자라나는 복령은 소나무의 영양을 받아 기운을 품고 자라며 귀한 한약재로 쓰였다. 봄이면 소나무에서 날리는 꽃가루, 즉 송화(松花)는 궁중에서 송화다식으로 만들어 귀한 음식이 되었고, 꽃이 진 뒤 돋아나는 어린 줄기 송순(松筍)과 잎 송엽(松葉), 열매 송과(松果)는 식초나 술에 담가 음식과 약으로 널리 활용되었다.

또한 소나무는 풍부한 송진을 품고 있어 그 수지가 오랜 세월 땅속에서 굳으면 보석인 호박이 된다. 그 속에는 수천 년 전의 공기와 바람, 숲의 떨림마저 고스란히 봉인되어 있다. 그리고 깊고 고요한 소나무 숲에서만 자라는 송이버섯은 지금도 자연이 내어주는 가장 귀한 선물로 대접받는다. 이렇듯 소나무는 그저 오래 사는 나무가 아니라 가지에서 뿌리까지 시간과 바람을 이겨낸 수액 한 방울까지, 그 존재 전체가 누군가를 위해 준비된 삶이었다. 우리는 오래도록 소나무의 은혜를 받아왔지만, 어쩌면 소나무야말로 우리를 위해 한평생 자신을 내어준 '헌신의 생명'이었는지 모른다.

고향의 숨결이 깃든 어머니 품 같은 나무

고향 뒷동산에 우뚝 서 있던 소나무, 여름날 운동장에서 그늘이 되어 주던 학교의 소나무, 조상의 무덤을 바람과 비로부터 지켜주던 장송(長松) 등 소나무는 언제나 조용한 자리에서 가장 오래 사람 곁을 지켜온 존재였다.

어릴 적 고향의 소나무를 떠올리면 그 푸른 향기와 함께 어머니의 체온 같은 위로가 되살아난다. 말없이 감싸주던 품과 아무 조건 없이 다정했던 자리를 떠올리게 만든다. 사랑은 요란한 고백에서 시작되지 않는다. 오히려 흔들리지 않는 뿌리, 멀리서도 변함없는 푸르름, 언제든 돌아갈 수 있다는 믿음을 주는 자리에서 비롯된다. 그렇기에 소나무는 시간을 품은 어머니이자 고향 그 자체이기에 우리 민족은 그 품 안에서 기꺼이 희망을 배워왔다.

매화

춘란

4.
매화와 난초(춘란),
추위를 뚫고
피는 꽃

사군자 중의 으뜸 매화와 난초

사군자(四君子)란 매화·난초·국화·대나무, 네 가지 식물이 지닌 고유한 아름다움과 굳센 절개를 군자의 품격에 빗대어 부른 이름이다. 이 식물들은 단순히 자연 속에 존재하는 대상이 아니라 옛 선비들에게는 삶의 태도를 돌아보게 하는 거울이자 침묵 속에서 스스로를 단련하게 하는 스승과도 같은 존재였다.

그중에서도 매화와 난초는 서로 다른 방식으로 봄을 맞이하는 식물로서 매화는 혹독한 겨울의 끝자락, 아직 찬 기운이 남아 있는 계절에 가장 먼저 꽃을 피운다. 눈 속에서도 물러서지 않고 가지 끝에서 꽃을 여는 모습은 시련 앞에서도 물러서지 않는 인간의 마음을 닮아 희망과 용기의 상징으로 자리 잡았다.

반면 춘란은 전혀 다른 길을 택한다. 사철 푸른 잎을 간직한 채 이른 봄 잔설이 채 녹기도 전에 꽃을 피우지만, 그 준비는 눈에 보이지 않는 시간 속에서 이미 끝나 있다. 차가운 온도를 충분히 겪어야만 비로소 꽃눈을 열 수 있는 식물로 꽃을 서두르지 않고 필요한 시간을 묵묵히 견딘 뒤에야 향을 드러낸다.

눈 속에서 피어난 봄의 전령, 매화(梅)

"큰 가지 작은 가지 눈 속에 덮였는데
따듯한 기운 알아 차례로 피어나네
옥골정혼이야 비록 말하지 않더라도
남쪽 가지 봄뜻 따라 먼저 망을 맺는구나."

조선 초기 문인 매월당 김시습이 남긴 시 「심매(深梅)」처럼, 매화는 오랜 세월 동안 시인과 묵객들의 마음을 사로잡아 온 자연의 전령이었다. 눈 쌓인 가지 위에 걸린 달빛과 그림자 속에서 피어나는 매화는 마치 눈처럼 순백으로 장수를 기원하는 상징이자 차가운 세월 속에서도 꿋꿋이 피어나는 희망의 표상으로 여겨졌다.

매화는 겨울의 끝자락 가장 매서운 추위 속에서 봄의 소식을 전하며 세상에 가장 먼저 눈부신 꽃망울을 터뜨리는 '꽃 중의 맏형'(花兄, 화형) 혹은 '꽃의 우두머리'(花魁, 화괴)라는 별칭을 얻었다. 사군자 중 하나로서 매화는 소나무와 대나무와 더불어 한겨울에도 푸르름을 잃지 않는 세한삼우(歲寒三友)의 한 축을 이루며, 국화와 연꽃까지 포함해 오우(五友)로도 꼽힌다.

이렇듯 매화는 단순한 꽃이 아니라, 절개와 선비정신, 희망과 인내, 그리고 군자의 기품을 담은 자연의 스승이다. 눈 속에서 피어나는 한 송이의 꽃이 전하는 메시지는 오늘날 우리에게도 여전히 변치 않는 삶의 용기와 깨달음을 전해준다.

꽃으로 보면 매화, 열매로 보면 매실

매화나무는 장미과에 속하며 그 몸 전체가 은은하고 깊은 향기를 품고 있다. 흰 꽃이 피는 백매(白梅)와 붉은 꽃의 홍매(紅梅)가 대표적이며 품종에 따라 다양한 색과 형태를 지니고 있어 보는 이의 눈과 마음을 즐겁게 한다.

꽃잎은 다섯 장이 모여 조화를 이루며 꽃자루 없이 가지에 직접 피어나는 특유의 풍모는 자연의 섬세한 배려를 떠올리게 한다. 매화와 매실은 한 나무에서 서로 다른 시절을 살아가는데 꽃이 피어날 때는 '매화'라 불리며 봄의 전령과 희망의 상징으로 사랑받고, 열매가 익을 때는 '매실'이라 부르며 사람의 삶을 풍요롭게 하는 자연의 선물이 된다.

매실은 알칼리성 식품으로 구연산과 사과산 등 유기산이 풍부해 건강과 치유의 상징으로도 여겨진다. 사람들은 매화와 매실을 다양한 방식으로 활용하며 그 향과 효능을 오래도록 누려왔다. 매화주와 매실주, 매화차와 매실 발효액, 매실절임과 매실잼 등은 단

순한 음식이나 음료를 넘어 자연과 계절, 인간의 손길이 만나 탄생한 문화적 풍요로 자리 잡았다.

한 나무에서 피어나고 맺히는 꽃과 열매는 시련과 성장, 희망과 결실의 순환을 보여주는 자연의 은유이자 인간의 삶과 닮은 또 하나의 사계절이자 이야기이다.

잔설 속에 피어난 고요한 향기, 춘란

사철 푸른 잎을 지닌 춘란은 봄이 와도 앞서 나서지 않는다. 차가운 계절을 충분히 겪어야만 꽃을 피우는데, 겨울의 냉기를 통과하지 못하면 아무리 따뜻한 봄볕이 내려와도 쉽게 꽃눈을 열지 않는다. 이는 혹독한 환경을 피하지 않고 오히려 온몸으로 받아들여야만 다음 단계로 나아갈 수 있다는 식물의 단단한 삶의 방식이자 지혜다.

그래서 춘란의 꽃은 천천히 모습을 드러내고 향기 또한 꽃이 핀 뒤에도 한참이 지나서야 피어난다. 멀리 퍼지지 않는 향기는 고개를 숙이고 가까이 다가간 사람에게만 허락하는데, 스스로를 쉽게 드러내지 않는 절제의 태도다.

옛 선비들이 춘란을 사랑한 이유도 화려함을 앞세우지 않고, 목소리를 높이지 않으며, 알아보는 이에게만 조용히 향을 내어주는 존재로서 군자의 덕목 가운데에서도 특히 '겸손'과 '절제'를 닮은 식물로 여겨졌기 때문이다.

문인화 속 춘란은 늘 여백과 함께 그려지는데 텅 빈 공간 속에서

더욱 또렷해지는 잎의 선과 눈에 보이지 않지만, 분명히 존재하는 향기는 삶에서도 진짜 중요한 것은 겉으로 드러나지 않는 곳에 있음을 일깨워 준다. 앞서 나서지도 뒤처지지도 않으면서 자연의 흐름에 맡기는 춘란의 꽃은 언제나 조용하지만 결코 가볍게 느껴지지 않는다.

왜 우리집의 춘란은 꽃이 안 피죠?

"우리 집 춘란은 왜 꽃이 안 필까요?" 춘란을 기르는 사람들이 가장 자주 던지는 질문이다. 춘란의 꽃눈은 봄이 아니라 늦여름부터 만들어지는데 이 꽃눈은 겨울 동안 충분한 추위를 겪은 뒤, 봄의 따뜻한 기운을 만나야 비로소 꽃대를 올리며 보통 3월 무렵 꽃을 피운다. 이러한 특성에서 꽃이 잘 피지 않는 이유를 찾을 수 있다. 바로 겨울철 온도가 높은 곳에서 두었기 때문인데 겨울철 15℃ 이상의 따뜻한 환경을 유지하면 춘란은 계절의 변화를 느끼지 못하고 꽃대를 올리지 않으며 설령 꽃대를 올리더라도 꽃이 제대로 피지 못하거나 꽃눈이 말라 버리는 경우가 생긴다.

춘란이 가장 편안해하는 온도는 대략 20~30℃ 사이로 너무 추워도, 너무 더워도 몸에 부담이 되며 햇볕과 통풍이 적당한 곳이 좋고 여름에는 강한 햇빛을 가려 주며 겨울에는 얼지 않을 정도의 서늘한 공간에서 지내게 하는 것이 알맞다. 흔히 따뜻하고 좋은 환경이 꽃이 잘 피어날 것으로 생각하지만 아이러니하게도 지나친 따뜻함이 꽃을 피우지 못하게 막는 것이다.

추위를 지나야 피어나는 품격

매화와 난초, 두 꽃은 같은 봄을 향하지만, 전혀 다른 길로 그 계절에 닿는다. 매화는 가장 매서운 추위 속에서 먼저 꽃을 피우며 세상에 봄의 문을 두드리고, 춘란은 그 추위를 고스란히 품은 채 말없이 시간을 견딘 뒤 조용히 향으로 자신을 드러낸다. 매화는 시련 앞에서도 물러서지 않는 용기를 가르치고, 춘란은 때를 기다릴 줄 아는 절제와 깨닫게 한다.

우리는 종종 따뜻함만을 원하고, 편안함 속에서 성장을 기대하지만, 너무 따뜻하면 꽃을 피우지 못하고 충분히 추워야 비로소 다음 계절로 나아갈 수 있다는 것을 말없이 보여주고 있다.

앞서 나아가야 할 때와 묵묵히 견뎌야 할 때를 구분하는 지혜, 드러내야 할 순간과 숨겨야 할 순간을 아는 품격있는 꽃으로 내년 봄, 매화 한 송이를 마주하거든 지금의 추위가 끝이 아님을 떠올리고, 춘란의 향을 떠올리게 된다면 아직 드러나지 않은 시간 속에서도 이미 준비는 시작되고 있음을 기억해 보자.

백색 연꽃

5.
연꽃,
향기는 멀리 갈수록
더욱 맑아진다

청결하고 고귀한 자태

연꽃은 진흙 속에서 피어나지만 더러움에 물들지 않고 언제나 청결하고 고귀한 자태를 지닌 식물이다. 예로부터 선비들은 연꽃을 사랑하며 그 품격을 본받으려 했고 불교에서는 극락세계를 상징하는 꽃으로 여겼다. 한여름 햇살 아래 연분홍이나 백색의 꽃이 수면 위로 고개를 내밀며 피어나는 연꽃은 홀로 서 있어도 아름답고 군락을 이루면 마치 작은 천상의 연못이 펼쳐진 듯 장관을 이루며 만개했을 때 전해지는 고요한 아름다움은 보는 이의 마음마저 정화하는 힘이 있다.

연꽃은 수생식물로 진흙 속 뿌리를 단단히 내리고 긴 잎자루를 물 위로 뻗어 잎을 펼친다. 다른 식물과 달리 잎 표면에는 왁스 성

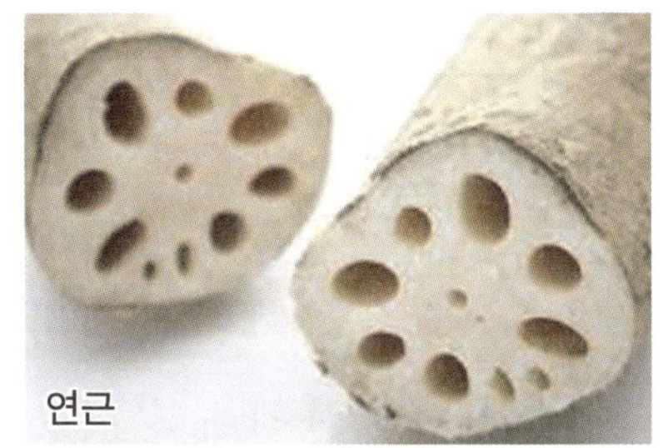

분과 미세한 솜털이 있어 물을 튕겨낸다. 비가 내려도 잎은 젖지 않고 물방울이 동그랗게 맺혀 구슬처럼 굴러가는 모습은 연꽃의 청결함을 그대로 보여준다.

뿌리인 연근 속에도 놀라운 비밀이 숨어 있는데 물속에서 산소를 공급받기 위해 통기 조직이라 불리는 구멍이 뚫려 있다. 우리가 즐겨 먹는 연근조림을 보면 숭숭 뚫린 구멍들을 쉽게 확인할 수 있는데 이는 연꽃이 단순히 아름다운 꽃이 아니라 생명을 유지하는 지혜로운 구조를 지닌 식물임을 알려준다.

꽃 중의 군자, 연꽃

불교에서는 연꽃을 신성한 존재로 여겨 부처님의 좌대나 사찰의 연등, 건물 문양 등 곳곳에 사용하는데 불교를 상징하는 대표적인 꽃이 연꽃인 이유다.

송나라 철학자 주돈이(주무숙)가 쓴 『애련설(愛蓮說)』에는 연꽃에 대한 깊은 예찬이 담겨 있다. 그는 연꽃을 통해 인간이 본받아야 할 고결한 품성과 도덕적 덕목을 이렇게 설명했다.

"나는 진흙에서 나왔으나 더러움에 물들지 않고,
맑은 물에 씻겼으나 요염하지 않으며,
속은 비고 겉은 곧으며,
덩굴도 없고 가지도 치지 않으며,
향기는 멀리 갈수록 더욱 맑아지고,
꼿꼿이 서 있으나 가볍게 대할 수 없다."

주돈이는 연꽃을 '꽃 중의 군자'라 칭하며 고결함과 절개, 청렴한 품격의 상징으로 예찬했다. 그의 설명에 따르면 국화는 속세를 피해 숨은 자를 닮았고. 모란은 부귀와 화려함을 상징하며, 연꽃은 군자의 덕을 닮았다고 한다. 특히 '향기는 멀리 갈수록 더욱 맑아진다'라는 구절은 단순한 문학적 표현을 넘어 인간이 어떻게 살아야 하는지에 대한 교훈을 전한다. 이 말은 경복궁 후원의 '향원지'와 '향원정'의 이름에도 남아 있어 세월이 흘러도 변치 않는 의미를 전한다. 연꽃은 단순히 아름다운 꽃이 아니라 고결함과 절개, 깨끗한 삶의 가치를 우리에게 일깨우는 자연 속 스승인 셈이다.

다양한 연꽃의 세계

연꽃의 세계는 생각보다 훨씬 다양하고 흥미로운데 우리가 가장 흔히 마주하는 연꽃은 '홍련'과 '백련'이다. 홍련은 연분홍빛, 백련은 순백색으로 수면 위로 잎을 내밀며 길게 뻗은 꽃대 끝에서 꽃을 피운다. 꽃이 시들고 나면 그 자리에는 벌집 모양의 연밥이 맺히는

다양한 색의 연꽃

데 이것 또한 연꽃의 생명력이 이어지는 흔적이라 할 수 있다.

한편 연꽃과 닮았지만 조금 다른 모습으로 자라는 꽃으로 '수련'
이 있는데 수련은 연꽃보다 작고 잎이 물 위에 붙어 떠 있는 특징
이 있다. '잠잘 수(睡)'를 써서 '수련'이라 불리는 이유도 바로 이 때
문인데 잎이 마치 잠든 듯 물 위에 떠 있는 모습이기 때문이다.

조금 독특한 연꽃으로는 '가시연'이 있는데 몸 전체에 날카로운
가시가 나 있어 손으로 만지면 찔릴 수 있으며 희귀한 품종으로
일부 보호지역에서만 만날 수 있다. 자연의 경이로움과 경계심을

동시에 보여주는 식물이다.

연꽃이 아니지만 연꽃을 흉내 내는 식물도 있는데 '어리연'이 바로 그것이다. 이름 그대로 잎과 꽃이 작고 아담하며 작은 연못이나 생태습지에서 관상용으로 많이 심어지는데 그 모습은 연꽃의 축소판처럼 귀엽고 사랑스럽지만, 연꽃이 아닌 '조름나물과'에 속하는 다년생 수생식물이다.

이처럼 연꽃과 연꽃을 닮은 식물들은 각기 다른 모습과 성격을 지니고 있지만 모두 진흙 속에서 피어나면서도 고결함과 아름다움을 잃지 않는 점에서는 한결같다. 연꽃의 세계를 관찰하다 보면 자연이 만들어낸 다채로운 생명의 조화와 지혜를 느낄 수 있다.

식탁 위의 귀한 존재

연꽃은 뿌리와 열매, 잎까지 두루 활용되는 자연의 선물이다. 연잎은 사찰음식 중에서도 으뜸으로 꼽히는 연잎밥에 사용되는데 진흙 속에서도 고귀하게 피어나는 연꽃의 청정함을 담아낸 이 음식은 귀한 손님을 대접할 때 자주 올려졌다. 연잎에 싸인 밥을 열면 향긋한 연잎 향이 퍼지며 자연의 순수함과 정갈함을 함께 느낄 수 있다.

연근은 아삭한 식감과 풍부한 식이섬유 덕분에 조림, 튀김, 무침 등 다양한 요리에 활용되는데 그 자체로 건강식품이자 오래전부터 우리의 식탁을 지켜온 소중한 먹거리이다.

연꽃의 열매인 연밥은 영양이 풍부해 약용이나 건강식으로 쓰였는데 어린 시절 연밥을 까 먹으며 즐거운 추억을 떠올리는 사람들도 많다. 이처럼 연꽃은 진흙 속에서도 스스로 청결함을 지키며 인간의 삶

속에서도 귀하게 쓰이는 식물이다. 꽃뿐 아니라 그 모든 부분이 삶을 풍요롭게 하고 우리가 자연 속에서 누리는 작은 기쁨과 건강을 선물하는 존재라 할 수 있다.

연꽃이 전하는 10가지 삶의 메시지

연꽃은 단순한 식물을 뛰어넘어 인생의 가치를 가르쳐주는 스승이기도 하다. 다음은 연꽃이 상징하는 10가지 의미다.

① 더러움에 물들지 않음 - 세속에 휘둘리지 않고 바르게 살라는 뜻

② 물이 닿아도 흔적이 없음 - 나쁜 영향은 흘려보내라는 의미

③ 향기로 연못을 채움 - 향기 나는 삶을 살아가라는 가르침

④ 푸른 잎과 아름다운 꽃 - 마음과 몸을 맑게 유지하라는 의미

⑤ 둥근 잎이 주는 안정감 - 부드러운 언어와 미소를 지니라는 권유

⑥ 연한 줄기에도 강함 - 유연함과 이해심을 가지라는 뜻

⑦ 꿈에 나타나는 길조 - 선한 행실로 복을 부르라는 의미

⑧ 반드시 열매를 맺음 - 선행이 좋은 결과로 이어지라는 교훈

⑨ 곱고 맑은 자태 - 깨끗한 삶의 모범이 되라는 당부

⑩ 어린싹부터 품격이 있음 - 언제나 존경받는 인품을 지니라는 메
   시지

　진흙 속에서 피어나면서도 고결함을 잃지 않고 은은한 향기로 세
상을 밝히는 연꽃처럼 우리 또한 혼탁하고 시끄러운 세상 속에서 흔
들리지 않는 마음을 지니고 싶다. 세상의 어려움과 유혹에 잠시 흔들
리더라도 중심을 잃지 않고 자신의 길을 묵묵히 걸으며 누군가에게
는 조용하지만, 확실한 위로와 맑은 숨결이 되어 주는 존재가 되기를
소망한다. 연꽃은 화려하지 않아도 그 존재 자체로 세상을 깨우며 말
없이 자신의 길을 걸으면서 가장 깊고 단단한 가르침을 전하고 있어
오늘을 살아가는 우리에게 연꽃이 전하는 메시지는 단순히 관조적
교훈에 그치지 않는다.

모란

6.
모란,
화려하지만 절제된
아름다움

화려함 속에 깃든 품격의 꽃

모란은 단순히 크고 화려한 꽃이 아니라 동아시아 문화 속에서 오랜 세월 동안 권위와 미학, 그리고 정신적 품격을 함께 상징해 온 꽃이다. 봄이 무르익어 가는 어느 순간 앙상한 가지에서 싹이 나고 서서히 절정에 이르듯 화려하게 꽃이 피어나는 모습은 보는 이의 마음을 사로잡는다.

지름 15㎝가 넘는 풍성한 꽃송이는 한 송이만으로도 공간을 가득 채우지만, 결코 요란하거나 시끄럽게 느껴지지 않는데 그 이유는 바로 찬란함 속에 깃든 고요한 균형과 절제된 아름다움 때문이다. 눈부시지만 부담스럽지 않고, 화려하지만 천박하지 않으며, 존재 자체로 권위를 드러내는 모란은 사람들에게 자연스레 '花王(화

왕)', 즉 꽃의 왕이라 불리고 있다. 또한 '부귀화(富貴花)'라 하여 단순한 장식이 아닌 국가와 가문의 이상과 기운을 상징하는 귀한 꽃으로 존중받았다. 모란은 화려함과 품격, 존재감과 절제를 동시에 갖춘 그야말로 꽃 속의 왕이자 삶 속에서 배울 만한 품격의 표본이라 할 수 있다.

이름에 깃든 문화와 역사

모란은 본래 중국에서 '목단(木丹)' 또는 '모단'이라 불렸는데 한자로는 '나무 목(木)'과 '붉을 단(丹)' 자를 썼으며 이는 뿌리 깊은 생명력과 고결한 기운을 동시에 내포한 이름이다. 흥미로운 것은 모란이 씨를 거의 맺지 않기에 '수컷 모(牡)'를 써서 '모단(牡丹)'으로도 불렀다가 이 이름이 한반도로 전해지며 발음의 변화 속에서 '목단', '모란'이라는 단어가 탄생했다고 한다.

당나라 시인들은 벚꽃이나 매화가 아닌 절정의 아름다움 즉 '완성의 미학'을 노래하고자 할 때 모란을 불러냈다. 한 송이가 피기까지 오랜 시간을 견디는 그 성정은 찰나보다는 절정, 감정의 폭발

화투패 중 6월을 상징하는 목단

보다는 품격 있는 완결을 이야기해 주었기 때문이다.

조선시대 때에도 모란은 여전히 특별한 꽃이었는데 궁중 혼례 복에서 가장 높은 품계의 문양으로 자수 되었고 집안의 번영과 경사를 상징하는 잔치꽃, 그리고 조상께 바치는 의례의 꽃으로 쓰였다. 모란은 단지 아름다운 꽃이 아니라 삶이 도달할 수 있는 최고의 순간, 그 절정의 기운을 상징했다.

오늘날에는 화투에서 '6월'을 대표하는 꽃으로 익숙하지만, 그 이면에는 단순한 계절꽃이 아닌 '권위의 미학', 가장 완성된 순간의 존재감과 품위가 숨 쉬고 있다. 모란을 바라본다는 것은 아름다움 그 자체보다 아름다움이 도달한 경지를 마주하는 일에 가깝다.

은은한 향기로 바깥주인을 유혹하라

모란은 동양에서 단지 부귀와 영화의 상징에 그치지 않았는데 인연을 불러들이는 꽃, 마음을 흔드는 향의 철학을 지닌 존재이기도 했다. 예로부터 사람들은 모란의 향기가 배란기를 앞둔 여성의 은밀한 체취와 유사하다고 믿었다. 때문에 혼례 이후 남편이 자주 외박하거나 마음이 멀어지는 것을 염려한 아녀자들이 모란과 작약을 일부러 사랑방 근처 혹은 담장 안쪽에 심었다는 기록이 전해진다. 호출하거나 붙잡는 목소리 대신 향기 하나로 마음의 길을 열고자 했던 지혜였다. 이는 단순한 유혹이 아니라 동양적 사랑관의 한 철학을 보여준다. 힘이나 명령으로 붙잡으려 하기보다 자연스럽게 돌아오게 하는 길, 즉 '끌어당김의 미학'이다. 모란의 은은한 향기는 강하지 않기에 쟁취하려 하지 않고 조용히 머무르며 '당신이 돌아오길 기다리고 있습니다'라는 메시지를 담는다. 눈에 띄는 화려함보다 마음 깊이를 건드리는 은밀한 아름다움을 보여주는 꽃으로 활용되었다.

그림에 나비가 없다, 선덕여왕의 직관과 통찰

『삼국유사』에는 모란과 선덕여왕에 얽힌 흥미로운 일화가 전해 내려오는데 신라 선덕여왕이 즉위하던 시절 당나라 태종이 붉은색, 자주색, 흰색의 모란 그림과 함께 모란 씨앗 세 되를 공물로 보냈다. 신하들은 당연히 향기로운 꽃일 것이라 생각했지만, 여왕은 그림을 보자마자 조용히 말했다. "이 꽃엔 향기가 없을 것이니 뜰에 그냥 심도록 하라." 얼마 후 꽃이 피었는데 정말로 향기가 거의 나지 않았다. 신하들이 놀라 그 이유를 묻자 여왕은 담담하게 설명했다. "그림 속에 나비 한 마리조차 없었다. 나비가 머무르지 않는다는 것은 향기가 없다는 뜻이니 이는 당 태종이 짝이 없는 나의 처지를 비웃은 것이다.”

이 일화는 선덕여왕의 비범한 직관과 통찰을 보여주는 대표적인 예로 남아 있지만, 실제 모란은 은은한 향기를 지닌 꽃이다. 그림 속에 나비가 없다는 사실만으로 꽃의 본성을 읽어낸 그녀의 통찰, 그리고 타인의 의도를 순간에 간파하는 정치적 감각이 깊은 감동을 준다. 세상을 바라보는 우리의 시선은 얼마나 깊고 맑은가? 선덕여왕의 이야기는 지금도 여전히 유효한 질문을 던지고 있다.

충신에게 귀 기울이지만 부당한 권력에는 굽히지 않는 꽃

신라 신문왕 시대의 학자 설총은 임금에게 올리는 교훈서로『화왕계(花王戒)』라는 우화를 지었다. 이야기 속에서 꽃나라의 왕 모란은 처음엔 달콤한 말로 아첨하는 장미에게 마음이 흔들리다가 뒤늦게 찾아온 늙은 할미꽃이 “당신의 왕좌를 탐하는 자를 가까이하지 마시오!”라며 쓴소리를 하자 모란은 비로소 정신을 차리고 바른 판단을 내리게 되는데 이 설화는 달콤한 말보다 진심 어린 충언이 나라를 지킨다는 교훈을 담고 있다.

또 다른 모습의 모란도 등장하는데 중국 역사상 유일한 여황제였던 측천무후는 어느 한겨울, 모든 꽃에게 “지금 당장 피어라.”라는 명령을 내렸다. 대부분의 꽃은 황제의 명령에 굴복하고 억지로 꽃을 피웠지만 모란은 끝내 꽃을 피우지 않았다. 이에 노한 황제는 불을 피워 강제로 꽃을 피우려 했으나 불길 앞에서도 명령을 거부

하자 모란을 낙양으로 귀양 보냈는데 그때 생긴 연기에 그을려 지금도 모란의 줄기가 검다는 이야기가 전해 내려온다. 권력에 아첨하지 않고 진실과 품격을 지켜낸 꽃. 그래서 모란은 단순한 화려한 꽃이 아니라 기개와 절의를 상징하는 꽃으로도 기억된다. 눈부신 아름다움에 취하기보다는 품위와 신념으로 자신을 지키는 존재. 그 곁에는 늘 존경이 따라온다는 사실을 모란은 오늘도 조용히 전해주고 있다.

품격으로 기억되는 꽃

모란은 아름다움 속에서도 흔들리지 않는 품격, 권력 앞에서도 무너지지 않는 기개, 그리고 소리 없이 마음을 움직이는 은은한 향의 힘을 간직했기에 오랜 세월 '꽃 중의 왕'이라는 자리를 잃지 않았다. 눈부심보다 깊이, 화려함보다 균형, 순간의 시선을 잡기보다 존재만으로 신뢰를 주는 힘이 있다. 모란을 바라본다는 것은 결국 어떤 순간을 살아갈 것인가 보다 '어떤 품격으로 기억될 것인가'를 생각하게 한다는 뜻일지도 모른다. '오늘 우리 안의 모란은 얼마나 곧고 단정하게 피어 있는가?' 이 질문 하나만으로도 모란은 이미 충분한 스승이 되고 있다.

작약

7.
작약,
화려함 뒤에
상처를
어루만지는 꽃

절제와 기품을 간직한 꽃의 재상

모란이 당당한 위엄으로 '꽃의 왕(花王)'이라 불린다면 작약은 그 곁에서 나라의 균형을 지키는 '꽃의 재상(花相)'이라 불렸다. 재상이란 왕의 눈치를 보는 아첨이 아니라 과한 힘을 다스리고 중심을 지켜내는 존재로서 화려함 속에서도 결코 넘치지 않는 품격과 절제된 아름다움으로 긴 세월 사람들의 사랑을 받아왔다.

작약은 붉은색, 분홍색, 백색 등 다채로운 빛깔에 홑꽃에서 풍성한 겹꽃까지 다양한 얼굴로 늦봄과 초여름 사이 정원을 물들이며 동양에서는 '부귀와 번영'을 상징하고, 서양에서는 '행복한 결혼'과 '순수한 사랑'을 상징하기에 오늘날 신부의 부케로 가장 많이 선택되는 꽃 중 하나인 것도 이 때문일 것이다.

흔히 모란과 혼동하기 쉬우나 구별법은 명확한데 겨울에도 갈색 목질 줄기가 남아 있다면 모란이고, 추위가 닥치면 지상부를 스스로 떨어뜨리며 다음 해를 준비하는 초본형이라면 작약이다. 따스한 봄날, 연둣빛 줄기를 살짝 내밀며 조심스레 인사를 건넨다면 그 겸손한 첫인사의 주인공은 다름 아닌 작약일 것이다.

작은 개미와 나누는 생명의 지혜

초여름, 작약의 꽃봉오리가 천천히 고개를 들며 세상과 인사를 나눌 때 그 곁에는 이미 보이지 않는 작은 손길들이 분주히 움직이고 있다. 꽃봉오리 안쪽에는 당분이 섞인 작은 물방울, 일명 '꿀샘'이 맺히는데 이 달콤한 방울은 근처에 사는 개미들에게 귀한 먹이가 된다. 하지만 개미는 단순히 달콤한 보상을 얻는 손님이 아니라 꽃에 접근하려는 해충들을 쫓아내며 꽃봉오리를 지켜주는 '자연의 경비원' 역할을 한다. 작약은 먹이를 내어주고 개미는 해충으로부터 작약을 보호하는 것으로 두 생명은 서로의 필요를 이해하고 이익을 나누는 자연 속의 작은 동맹을 이루고 있는 것이다. 이렇게 자연의 세계에서는 힘이 센 존재만이 살아남는 것이 아니라 서로를 돕고 조화롭게 살아가는 생명들이 함께 번영해 왔으며, 작약과 개미의 공생은 눈에 띄지 않는 곳에서도 서로를 살리는 협력의 아름다움을 보여준다. 작약은 아름다운 꽃뿐 아니라 세상 모든 생명들이 서로의 자리를 존중하며 살아가는 방법을 가르쳐주는 '자연의 철학자' 같은 존재이다.

꽃 속에 숨은 치유의 지혜

작약은 오랜 세월 사람들의 건강을 지켜온 자연의 약사(藥師)이기도 한데 당귀, 천궁, 황기, 지황과 함께 한방의 대표적 5대 약재로 꼽히며 우리 선조들은 '함박꽃나무'라고 부르며 소중히 여겼다.

한약명으로는 '적작(赤芍)' 또는 '적작약(赤芍藥)'이라고 부르는데, '적(赤)'은 배나 가슴에 발작처럼 일어나는 통증을, '약(藥)'은 이를 다스린다는 뜻을 지니고 있다. 즉, '적약(赤藥)'은 통증을 멎게 하는 약이라는 뜻이다. 이름 속에서 작약이 오래전부터 사람의 몸과 마음의 고통을 덜어주는 존재였음을 알 수 있다.

우리나라 전통 한의학에서도 작약의 뿌리는 귀하게 사용되었는데 위장염이나 경련성 복통을 완화하고 소화 장애를 돕는 것은 물론 여성질환과 만성 간염에도 활용되는 등 작약은 단순한 약초를 넘어 몸과 마음의 균형을 돌보는 동서양을 아우르는 치유의 상징이라 할 수 있다. 이처럼 꽃잎 하나하나가 아름다움뿐 아니라 건강의 이야기를 품고 있는 작약은 그 향과 색을 감상할 때 이미 오래전부터 사람과 함께해온 자연의 지혜와 생명의 힘을 함께 느낄 수 있는 셈이다.

작약에 얽힌 그리스 신화

작약의 학명은 페오니아 락티플로라(Paeonia lactiflora)인데 이 이름은 그리스 신화 속 의사 '패온(Paeon)'에서 유래했다고 전해진다. 저승의 왕 푸르돈은 불사신 헤라클레스가 저승에 들어오는 것을 몹시 못마땅하게 여겼다. 어느 날 헤라클레스가 저승에 발을 들이려 하자 푸르돈은 질서를 지키겠다며 막아섰으며 이에 화가 난 헤라클레스가 활을 쏘아 푸르돈에게 상처 입히고 말았다. 피를 흘리며 하늘로 도망친 푸르돈은 올림포스산의 신들의 의사 패온에게 도움을 청했고 패온은 특별한 약초를 캐어 푸르돈의 상처를 치료해 주었는데 이 약초가 바로 작약이었다. 그래서 작약은 그의 이름을 따 페오니아(Paeonia)라 불리게 되었다고 한다.

뒤에 붙은 lactiflora(락티플로라)라는 이름은 '젖빛 꽃이 피는'이라는 뜻으로 작약의 은은한 흰빛이나 연한 분홍빛 꽃을 떠올리게 한다. 신화 속 전설, 꽃의 아름다움, 그

리고 약효가 하나로 어우러진 이름이 바로 페오니아 락티플로라
(Paeonia lactiflora)인 셈이다. 꽃 하나에도 이렇게 전설과 치유의 이
야기가 담겨 있다는 사실은 우리가 작약을 감상할 때 단순한 아름
다움 그 이상을 느끼게 해 준다.

작약을 바라보는 마음

화려한 꽃잎 속에 약성을 품고 그리스 신화 속 이야기까지 간직
한 작약은 단순한 관상용 꽃을 넘어선 살아 있는 이야기꾼과 같다.
작약은 개미와 공생하며 자신의 생존을 도모하고, 인간에게는 위
장과 통증을 다스리는 약재로 쓰이기도 하며, 고대 신화 속에서는
싱처를 치유하는 신비로운 꽃으로 등징하는 등 신과 인긴을 잇는
매개체 역할을 하고 있다. 이처럼 하나의 식물 속에도 생태, 약효,
신화, 문화가 겹겹이 얽혀 있으면서 자연은 늘 조용히 우리에게 삶
의 지혜와 균형을 건네지만, 우리가 귀를 기울이지 않으면 그 소
리를 듣기 어렵다. 작약을 다시 마주할 때 단순히 아름답다고 지나
치지 말고 그 안에 숨은 생존의 전략, 약효의 힘, 그리고 문화적 이
야기를 함께 떠올려 보자. 작은 꽃 한 송이에도 세상의 풍요로움과
삶의 깊이가 담겨 있음을 느낄 수 있을 것이다.

대나무

8.
대나무,
부러질지언정
굽히지 않는
자세

비워내는 미덕

한겨울의 매서운 바람이 불어도 대나무 숲은 결코 쓰러지지 않는다. 거센 바람에 몸을 맡긴 듯 흔들리지만, 그 속에는 꺾이지 않는 단단함이 숨어 있다. 속은 비어 있으나 마음은 굳건하고, 곧게 뻗었지만 언제나 부드럽게 흔들린다. 대나무는 식물 중에서도 유난히 인간의 정신을 닮은 존재로 비워내는 미덕, 곧게 서는 의지, 그리고 함께 어우러져 자라는 조화의 지혜를 함께 지니고 있다. 그래서 옛 선비들은 대나무를 벗 삼아 마음을 닦았고, 예술가들은 그 곧음 속에서 품격 있는 아름다움을 발견했다.

언뜻 보면 단단한 나무 같지만, 대나무는 사실 풀의 일종으로 땅속에서 뿌리줄기를 길게 뻗어 군락을 이루며 서로 연결된 생명망

속에서 자라기에 비바람에 휘어질지언정 결코 부러지지 않는다. 비워내면서도 강인하고, 유연하면서도 곧은 그들의 자세 속에는 우리가 잊고 지낸 '삶의 균형'이 고요히 숨 쉬고 있다.

나무도 아니고 풀도 아닌 대나무

나무도 아닌 것이, 풀도 아닌 것이
곧기는 뉘 시키며, 속은 어찌 비었는가
저렇게 사시사철 푸르니, 그를 좋아하노라

조선의 문인 윤선도는 『오우가』에서 대나무를 벗 삼아 이렇게 읊었는데 이 시구처럼 대나무는 나무인지 풀인지 구별하기 어려운 독특한 존재다. 대나무는 단단하게 목질화된 줄기를 가지고 있어 나무의 특성을 띠지만, 봄이면 땅속에서 죽순이 올라와 한 해 동안만 자라는 풀의 성질도 지닌다. 게다가 굵기는 평생 변하지 않아 나이테조차 없다. 이처럼 대나무는 풀과 나무의 성질을 동시에 가진 중간 형태의 식물인 셈이다. 분류학적으로는 벼과의 여러해살이 풀로 분류되지만 그 독특함 때문에 오늘날에도 논란이 이어진다.

조선시대의 학자 윤선도가 대나무의 특성을 관찰하고 나무도 아니고 풀도 아니라는 사실을 정확히 알아냈다는 것은 그의 섬세한 관찰력과 통찰력을 엿보게 하며 대나무가 나무도 아니고 풀도 아니라는 것을 어떻게 알았는지, 혹시 천재가 아니였을까 조심스럽게 추측해본다. 대나무는 단순한 식물이 아니라 자연 속에서 경계와 정의를 넘어선 존재 스스로의 길을 지켜가는 삶의 은유로서 우리에게 다가온다.

꽃이 피면 생을 마감하는 대나무

대나무는 겉보기에는 항상 푸르고 단단한 생명력의 상징이지만 그 속에는 비밀스러운 운명이 숨겨져 있다. 대나무는 흔히 꽃을 피우지 않는 것으로 알려져 있지만, 사실 일생에 단 한 번 길게는 60년에서 100년에 한 번 꽃을 피운다. 흥미로운 점은 대나무가 꽃을 피울 때는 그 지역의 모든 대나무가 한꺼번에 꽃을 피운다는 것과 꽃이 지고 나면 대부분의 대나무가 시들어 모두 죽는다는 것이다. 이 현상을 '개화병(開花病)'이라 부르는데 정확한 원인은 아직도 미스터리로 남아 있다. 영양소 고갈설, 병해설 등 여러 학설이 있지만 어느 것도 완전히 설명하지 못한다고 한다.

이처럼 드물고도 강렬한 생애의 마지막 순간은 대나무만

의 독특한 운명을 보여준다. 수십 년을 묵묵히 자라며 세상을 지켜온 대나무가 일생의 절정을 꽃으로 장식하고 스스로의 삶을 내려놓는 모습은 마치 자연이 보여주는 가장 숭고한 생명의 장면 같다.

삶의 곳곳에 스며든 대나무

대나무는 우리 선조들의 삶 속에 깊숙이 스며든 친구와도 같은 존재로 식기와 가구, 공예품에서부터 피리·대금·퉁소 같은 전통 악기, 바구니와 광주리 같은 생활용품에 이르기까지 인간의 일상 곳곳에서 다양하게 활용되고 있다.

더위를 이기기 위해 만든 부채, 밤에는 바람이 통하게 만들어 잠자리를 시원하게 만들어주는 죽부인도 대표적인 사례이다.

대나무는 상징적 의미에서도 중요한 자리를 차지하는데 군대 영관급 계급장에 새겨진 아홉 개의 대나무 잎은 절개와 청렴을 상징한다. 상중에 아버지를 기릴 때 사용하는 대나무 지팡이는 '하늘 같은 아버지'에 대한 존경과 변치 않는 효심을 담은 상징적 도구였다.

먹거리에서도 대나무는 빠질 수 없다. 죽염, 죽통밥, 죽통주 등

대나무 광주리

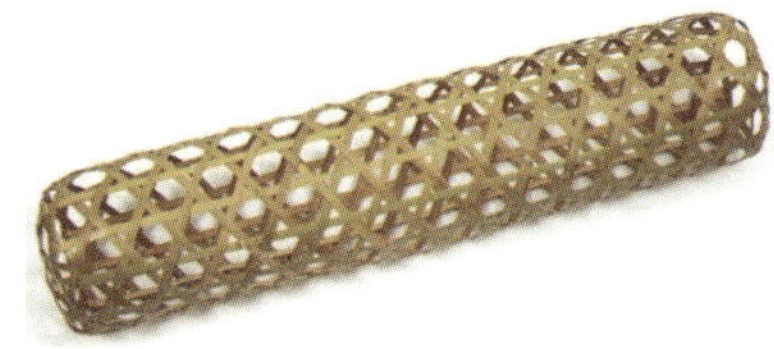

죽부인

다양한 음식에 쓰이고 신선한 죽순으로 만든 요리는 대나무의 또 다른 얼굴을 보여준다. 이처럼 대나무는 자연과 인간의 삶을 이어주는 가교이자 생활과 문화, 마음과 기억을 담아내는 살아 있는 존재였다. 대나무 한 줄기에도 우리 삶의 이야기가 녹아 있으며 그 속에서 인간과 자연, 그리고 시간의 흐름을 함께 느낄 수 있다.

지조, 절개, 군자, 평화의 상징

사시사철 푸른 잎을 지닌 대나무는 선비들의 지조와 절개의 상징이었다. 부러질지언정 굽히지 않는 특성은 곧은 성품의 상징이 되었고, 속이 빈 줄기는 군자의 겸허한 마음을, 마디는 선비의 절개를 나타내었다 이 모든 요소는 대나무가 왜 '군자의 식물'로 불리는지를 말해준다.

고사성어와 전설에도 자주 등장하는데 '죽마고우(竹馬故友)'는 대나무로 만든 말 타고 놀던 오래된 친구로 어릴 때부터 같이 놀며 자란 친한 벗을 말하고, '우후죽순(雨後竹筍)'은 비 온 뒤 솟아나는 죽순처럼 어떤 일이 한꺼번에 발생하는 것을 비유적으로 이르는 말이며, '파죽지세(破竹之勢)'는 대나무를 쪼개듯 거침없이 적을 무찌르는 기세 등으로 쓰여지고 있다

『삼국사기』와 『삼국유사』에 전하는 만파식적(萬波息笛)의 전설은 대나무에 신비로운 이미지를 더한다. 문무왕이 용이 되어 동해를 지키겠다는 유언을 남기고 승하하자 어느 날 바다 위에 새로운 섬이 솟아오른다. 그 섬에는 해 질 무렵 합쳐지는 두 그루의 대나

무가 있었고, 이를 베어 만든 피리 '만파식적'은 나라에 위기가 닥칠 때마다 불면 평화를 되찾아 주었다고 한다. 대나무는 이렇게 신화 속에서도 평화와 안정을 상징하는 신령한 존재였다.

대나무 숲의 추억

전통 조경 답사차 전남 담양을 찾았을 때 죽녹원에 들어선 기억이 아직도 선명하다. 빽빽이 들어선 대나무 숲은 단순한 나무의 집합이 아니라 마치 어린 시절 고향 들녘을 떠올리게 하는 추억의 풍경이었다. 숲속으로 발을 들이면 낮임에도 어둑해 혼자 걷기조차 조심스러울 정도였는데 수많은 대나무가 서로 어깨를 맞대며 숲을 이루고 있었기 때문이다. 머리를 들어 올려 하늘을 바라보면 햇살이 잎사귀 사이로 스며들고, 바람에 흔들리는 잎사귀들이 속삭이는 부드러운 소리 속에서는 시간마저 잠시 멈춘 듯한 기분이 든다. 대나무 숲은 단순히 자연이 아니라 삶과 기억을 담은 공간이자 감각과 마음이 함께 호흡하는 체험의 장이다. 작은 잎사귀 하나, 바람에 흔들리는 줄기 하나에도 오랜 생의 이야기와 지조가 담겨 있는 듯하다. 그 속에서 우리는 자연과 인간, 현재와 과거, 그리고 나 자신과 마주하는 순간을 경험하게 된다.

과유불급, 넘치면 해가 된다

모든 생명체가 그렇듯 대나무 역시 지나치면 문제를 일으킬 수 있다. 대표적인 예가 조릿대로 키가 낮고 사시사철 푸른 잎을 유지

해 조경용으로 사랑받지만, 뿌리가 그물처럼 땅속에 퍼져 다른 식
물의 성장을 막는 부작용을 가진다. 특히 제주도의 한라산과 같은

고산지대에서는 조릿대가 급속도로 번지면서 고산식물과 희귀식물은 물론 멸종위기종까지 생육 공간을 잃는 상황이 벌어지고 있다. 초본류뿐 아니라 어린나무조차 새순을 틔우지 못할 정도다. 답사 중 찾은 제주도의 습지 곳곳에서도 조릿대가 우점하며 자연 속 다른 생명들에게 자리조차 허락하지 않는 장면을 볼 수 있었다. 이러한 문제는 지리산을 비롯한 남부 지방 전체로 확산되고 있어 생태계 보전 차원에서 시급한 관리와 대책이 필요한 상황이다.

자연 속에서 대나무와 조릿대는 단순히 아름다움과 효용만을 주는 존재가 아니라 균형과 조화의 중요성을 일깨워주는 존재이기도 하다. 넘침과 모자람 사이에서 생명은 가장 아름답게 가장 안전하게 자란다는 사실을 자연은 늘 조용히 우리에게 가르쳐 주는 셈이다.

대나무가 건네는 삶의 교훈

대나무는 단순히 푸르고 곧은 식물이 아니라 그 속에는 끈기와 인내, 절개와 겸허, 그리고 균형과 조화라는 삶의 지혜가 숨어 있다. 숲속을 걷다가 바람에 흔들리는 한 줄기의 대나무를 바라보면 우리는 자연 속에서 삶의 태도와 겸손 그리고 자신을 지켜내는 힘을 조용히 배우게 된다. 대나무가 보여주는 삶의 모습 속에서 인간과 자연, 현재와 과거가 맞닿는 순간을 체험하게 되며 작지만, 깊은 성찰의 시간도 선물 받는다. 한 줄기 대나무가 바람에 흔들려도 부러지지 않고 꿋꿋이 서 있는 모습에서 우리는 세상의 바람 속에서 흔들리면서도 자신만의 중심을 지키며 살아가는 법을 배울 수 있으며 나아가 과하면 해가 된다는 교훈도 함께 깨달을 수 있다.

4장.
식물,
藥이 되다

고로쇠나무 잎

1.
고로쇠나무,
뼈에 이로운
나무

뼈에 의미와 역할

뼈는 우리 몸을 눈에 보이지 않는 곳에서 묵묵히 지탱하는 존재이다. 사람은 206개의 뼈로 이루어져 있으며 이 뼈들은 단순히 몸을 세워주는 기둥이 아니다. 충격으로부터 장기를 지켜내는 방패, 근육의 수축에 반응하며 움직임을 만들어내는 정교한 지렛대, 삶의 모든 움직임을 가능하게 하는 내면의 구조물이다. 하지만 뼈는 우리가 나이를 먹는다는 사실을 가장 먼저 보여주는 기관이기에 몸을 지탱하고 서 있는 것은 문제가 없어 보여도 뼈의 내부에서는 아주 느리고 조용하게 변화가 진행된다.

30대 중반을 지나면서부터 골밀도는 서서히 낮아지고 언젠가부터는 계단 하나를 오를 때도 신중해지기 시작한다. 보이지 않는 곳의 변화가 우리의 삶을 바꾸기 시작하는 순간이기에 옛사람들은 몸의 이상을 느끼면 의술보다 먼저 자연을 찾았다. 들풀 하나, 나무껍질 한 조각, 뿌리에서 건네오는 미묘한 향과 맛 속에서 회복의 길을 찾았다. 그 수많은 식물들 가운데 이름부터 특별한 나무가 있는데 이름부터 아예 '뼈에 이롭다'는 뜻을 품은 나무인 '고로쇠나무'다.

고로쇠나무의 특성과 수액의 비밀

고로쇠나무는 단풍나무과에 속하는 큰 나무로 잘 자라면 높이가 20미터에 이르며 주로 깊은 산의 계곡처럼 물과 공기가 맑은 곳에 모여 군락을 이루며 자라는데 잎은 5~7갈래로 나뉜 부드러운 손바닥 모양을 하고 있다. 가을이 되면 처음엔 노란색을 띠다가 이내 불타오르듯 붉게 물들며 단풍나무 특유의 화려함을 보이며 가을 산의 풍경을 완성하는 나무이기도 하다.

하지만 고로쇠가 진짜 주목받는 시기는 겨울이 끝나갈 무렵인 2월로 봄기운이 아주 미세하게 스며들기 시작하는 순간이다. 아

직 눈이 녹지 않은 산에서 가장 먼저 깨어나는 나무가 바로 고로쇠나무로 이때 뿌리에서 끌어올리는 첫 생명의 물, 그 맑은 수액이 바로 고로쇠 수

액이다. 이 수액에는 각종 미네랄과 비타민이 풍부해 면역력 증진, 해독 작용, 체내 노폐물 배출, 간 기능 개선, 노화 지연, 만성 질환 예방 등 다양한 효능이 있는 것으로 알려져 있다. 그래서 예로부터 '봄이 오기 전 고로쇠 한 모금이면 한 해의 피로가 씻긴다'라는 말이 전해지며 지금도 건강 음료로 널리 판매되고 있다.

골리수(骨利樹)라는 이름에 담긴 이야기

고로쇠는 나무의 수액이 뼈에 이롭다고 해서 '골리수(骨利樹)'라고 불리는데 옛이야기 속에서 그 이유를 찾아볼 수 있다. 고려를 세운 도선국사의 이야기로 오랜 시간 무릎을 구부린 채 수행을 마치고 일어서려던 국사는 굳은 무릎 때문에 몸을 일으키지 못했다. 그때 곁에 있던 한 나무의 가지를 붙잡았는데 가지가 부러지며 수액이 흘러나왔다. 목이 말라 그 수액을 마신 순간 놀랍게도 무릎의 통증이 사라지고 국사는 다시 몸을 일으킬 수 있었다고 하는데 그 나무가 고로쇠나무였다고 한다.

또 다른 전설에서는 백제와 신라의 전쟁 중 지친 병사가 목마름과 탈진으로 힘겨워할 때 화살이 박힌 고로쇠나무에서 흘러나오는 수액을 발견했다. 그 물을 마시자 갈증이 풀리고 힘이 솟았으며 다른 부상자들에게도 나눠주자 모두 회복이 빨라졌다고 한다. 이렇게 골리수로 불리던 나무가 세월이 흐르며 발음이 변해 지금의 '고로쇠'라는 이름으로 남았다고 한다. 삼국시대부터 사람들에게 힘이 되던 고로쇠나무는 오늘날까지 많은 사람들이 찾고 있다.

고로쇠 수액의 불편한 진실

고로쇠 수액은 맑고 투명하며 약간 달콤한 맛을 가지고 있다. 또한 예로부터 위장을 편안하게 하고 뼈를 튼튼하게 한다고 하여 귀하게 여겼다. 때문에 겨울이 저물어 가는 산길을 걷다 보면 나무줄기에 호스를 꽂아 수액을 채취하는 모습을 종종 보게 되는데 채취가 집중되는 시기가 되면 나무의 생명력이 조금씩 흔들리기도 한다. 적절한 채취라면 큰 문제가 되지 않겠지만 '몸에 좋다'는 이유만으로 한 그루에 여러 개의 호스를 꽂아 수액을 무분별하게 뽑아내면 나무에게는 치명적이다. 고로쇠 수액은 뿌리에서 줄기로 올라오는 양분으로 낙엽수들이 긴 겨울을 이겨내고 다시 생장을 시작할 수 있도록 하는 생명의 첫 물줄기이기 때문이다. 실제로 일부 고로쇠나무는 다른 나무들이 푸르른 잎을 피우는 5~6월에도 새잎을 내지 못하고, 심할 경우 고사하기도 한다. 식물과 함께 살아가는 사람의 눈으로 보면 그 풍경은 안타깝고도 무거운 교훈을 남긴다.

자연이 주는 혜택은 분명 소중하다. 하지만 그 혜택이 오랫동안 이어지기 위해서는 절제와 존중이라는 조건이 필요하다. 자칫 무분별한 손길은 소중한 선물을 주는 자연을 상처 입히는 행위가 될 수 있음

을 우리는 잊지 말아야 한다.

자연과 함께하는 절제와 존중

고로쇠나무와 그 수액 이야기를 통해 우리는 한 가지 중요한 교훈을 얻는다. 자연이 주는 은혜는 고마움과 경이로움으로 다가오지만, 그것이 무한히 지속되는 것은 아니라는 것이다. 맑고 달콤한 수액도 화려한 가을 단풍도 산 깊숙이 자리한 고로쇠나무의 생명력도 모두 자연의 균형 위에서 유지되는 선물이다. 인간은 때때로 이 선물을 탐하게 마련이다. 몸에 좋다는 이유만으로 이익과 편리함만을 좇아 나무의 힘을 과도하게 빼앗을 수 있다. 자연과 공존하는 길은 결코 어렵지 않다. 그저 절제와 존중, 그리고 작은 배려를 지켜주는 것만으로도 충분하다. 고로쇠나무는 우리에게 단순한 건강 음료 이상의 메시지를 전한다. "나를 아껴주면, 나는 오래도록 너에게 생명을 나눠줄 수 있다." 인간과 자연은 서로를 존중할 때 비로소 오래도록 함께할 수 있음을 묵묵히 가르쳐준다. 봄마다 산을 찾아 고로쇠 수액을 마시는 순간 단순히 건강을 챙기는 행위를 넘어 자연의 생명력과 교감하며 삶의 균형을 되새기는 시간이 될 수 있기를 바란다.

새삼

2.
새삼,
허리를 살리는
토사자

허리의 중요성과 토사자

인간의 몸에서 허리와 척추는 중심축이자 기둥과 같으며 몸을 세우고 균형을 잡는 것뿐 아니라 우리가 걷고, 뛰고, 몸을 구부리는 모든 움직임의 출발점이 된다. 그만큼 허리와 척추는 세월의 흔적을 가장 먼저 느끼는 곳이기도 한데 나이가 들수록 혹은 무리한 활동으로 인해 허리와 척추에 이상이 생기면 작은 일상조차 버겁게 느껴진다. 한순간의 불편이 삶 전체를 흔드는 순간이 찾아오며 실제로 많은 사람들이 허리 통증과 척추 문제로 고통받고 있다. 이런 이유로 오래전부터 사람들은 허리를 보호하고 회복시키는 자연의 지혜를 찾아왔는데 그중 하나가 바로 토사자(菟絲子), 흔히 '새삼'이라고 불리는 풀이다. 토사자의 이름 속에는 '토끼가 먹어 허리를 고쳤다'는 의미가 담겨 있는데 단순한 풀 한 포기가 아니라 인간과 자연이 만들어낸 치유의 전통, 그리고 삶의 균형을 되찾게 하는 상징적 존재인 셈이다.

식물계의 흡혈귀, 새삼

흔히 다른 존재의 피를 빨아먹는 괴물을 '흡혈귀'라 부른다. 거머리나 빈대, 벼룩 같은 동물계의 흡혈귀처럼 식물계에도 남의 몸에 붙어 영양분을 흡수하며 생존하는 흡혈귀가 존재하는데 그 주인공이 바로 새삼이다.

새삼은 철사처럼 가느다란 줄기를 가지고 있으며 노란 고무밴드를 감은 듯한 모습으로 다른 식물에 몸을 칭칭 감는다. 겉으로 보기엔 단순한 풀 같지만, 그 생존 전략은 놀라울 정도로 치밀하다. 1년생 덩굴성 기생식물인 새삼은 씨앗에서 싹이 트면 잎은 없고 줄기만 올라온다. 줄기에는 광합성을 돕는 엽록소가 있어 기주식물을 만나기 전 1~2일 동안은 스스로 양분을 만들 수 있지만 다른 식물을 찾지 못하면 줄기는 금세 검게 시들어 죽고 만다.

다른 식물에 몸을 감는 새삼

다른 식물을 완전히 덮는 새삼

그래서 새싹이 돋아나면 부지런히 주변을 탐색하며 자기가 붙어살아갈 기주식물에 줄기를 감아 흡입기를 꽂고 양분을 빨아먹는다. 그 뒤에는 스스로 아래쪽 줄기를 끊어버리고 더 이상 땅의 양분에 의존하지 않는다. 오직 다른 식물의 힘으로 살아가는 독특하고도 기발한 생존 방식이다. 우리나라에서는 드물게 만날 수 있는 기생식물인 새삼은 보는 이에게 놀라움과 함께 자연 세계의 다양하고 치열한 삶의 방식을 상기시킨다.

농부들에게는 암적인 존재

새삼은 잎이 거의 없고 엽록소도 적어 초록빛 대신 노란빛이나 붉은빛을 띠며 광합성을 통해 스스로 양분을 만들 수 없기 때문에 생명을 유지하기 위해 '흡기(吸器)'라는 특별한 구조를 발달시켰다. 흡기는 마치 작은 빨판처럼 줄기에서 자라나 다른 식물의 조직 속으로 파고들어 그 식물 속 양분을 흡수한다. 이렇게 퍼져나가는 새삼은 주변 식물을 거미줄처럼 덮어버리며 피해를 입은 식물은 성장에 필요한 영양분을 잃어 점차 약해지고 심하면 죽음에 이르는 경우도 있다. 특히 콩과식물에 기생하는 경우가 많아 농민들에게는 두려운 존재가 된다. 한 번 침입하면 제거가 쉽지 않고 줄기 일부만 남아 있어도 다시 번져 나가기 때문에 철저한 관리가 필요하다. 이러한 특성 때문에 오래전부터 농사꾼들은 새삼을 '잡초 중의 악성'이라 부르며 농작물을 지키기 위해 부단히 경계해 온 식물이다.

토사자에 얽힌 이야기

새삼의 다른 이름인 토사자에는 재미있는 전설이 전해 내려온다. 옛날에 토끼를 유독 사랑하던 한 부자가 있었다. 어느 날 하인이 장작을 패던 중 쪼개진 장작 하나가 토끼의 등으로 날아가 토끼의 허리가 부러졌다. 겁에 질린 하인은 다친 토끼를 몰래 콩밭에 숨겨 두었다. 며칠 후 부자는 토끼가 사라진 것을 알고 크게 화를 냈고 하인은 부득이하게 콩밭으로 가보았는데 놀랍게도 토끼는 다치기 전보다 훨씬 힘차게 뛰어다니고 있었다.

이상하게 여긴 하인은 일부러 다른 토끼의 허리를 다치게 한 뒤 다시 콩밭에 놓고 멀리서 지켜보았다.

그러자 토끼는 콩 줄기를 감고 자라는 노란 실 같은 덩굴을 뜯어 먹는 것이 아닌가. 며칠이 지나자 그 토끼도 완전히 회복되어 깡충깡충 뛰기 시작했다. 하인은 토끼가 먹던 그 덩굴을 채취하여 자신의 아버지에게 달여 드렸고 놀랍게도 허리 통증이 말끔히 사라졌다고 한다. 이 일화 때문에 사람들은 이 풀을 '토끼 토(兎), 실 사(絲), 아들 자(子)'의 글자를 따서 토끼가 먹고 허리병이 나은 풀이라는 의미로 '토사자(兎絲子)'라 부르게 되었다고 한다.

토사자의 효능과 바라보는 시선

토사자는 신장 기능을 돕고, 항산화 작용으로 노화를 늦추며, 면역력을 높이고 간을 보호하는 등 다양한 효능을 지니고 있어 민간에서 약재로 널리 활용되어 왔다. 그렇기에 토사자를 바라보는 시선은 조금씩 달라진다. 농민들에게는 다른 식물의 영양분을 빼앗아 성장에 피해를 주는 '암적인 존재'로 여겨지지만, 한편 약재로서는 허리와 신장을 보하고 몸을 회복시키는 귀한 자원이다. 이는 우리 사회와도 닮아있는데 노력 없이 남의 것을 빼앗는 사람이 있는가 하면 다른 존재를 돕고 회복시키는 사람들이 있듯이 같은 존재라도 보는 관점에 따라 그 가치가 달라진다는 사실을 토사자가 보여준다. 그래서 우리는 "콩의 피를 빼앗아 죽음에 이르게 하는 새삼이 아닌, 아픈 토끼의 허리를 회복시킨 토사자처럼 남을 돕고 세상을 이롭게 하는 존재가 되라." 교훈을 얻을 수 있다.

쇠무릎 잎
쇠무릎 줄기

3.
쇠무릎,
무릎이 아플 땐
우슬

몸의 중심을 지탱하는 관절, 무릎

우리 몸에서 무릎은 수많은 근육과 인대, 연골이 정교하게 맞물려 체중을 떠받치며 앞으로 나아가는 걸음의 출발점이 된다. 서고, 걷고, 앉고, 다시 일어나는 평범한 일상 속에서 무릎은 한순간도 쉬지 않고 몸의 중심을 지켜내며 말없이 버텨 주기에 우리는 그 존재를 쉽게 잊고 살아간다.

하지만 세월 앞에서 무릎은 가장 먼저 흔들리기 시작한다. 평생을 걷고 일하며 삶의 무게를 고스란히 받아낸 관절은 어느 날부터 미세한 통증으로 신호를 보내고, 이윽고 '삐걱' 소리를 내며 존재를 드러낸다. 평소에는 대수롭지 않게 오르내리던 계단 하나조차 조심스러워지는 순간, 사람들은 비로소 묻게 된다. 무릎을 다시 지켜 줄 방법은 없을까?

　그 질문의 끝자락에서 오래전부터 사람들의 입에 오르내린 약초가 있다. 소의 단단한 관절을 닮았다 하여 붙여진 이름, 우슬(牛膝). 다른 말로는 쇠무릎이라 불리는 이 풀은 지친 무릎을 다시 떠받치기 위해 자연이 건네온 오래된 처방이자, 몸의 중심을 되찾고자 했던 사람들의 지혜가 담긴 이름이다.

쇠무릎의 특성과 효능

　쇠무릎은 비름과에 속하는 다년생 풀로 '우슬'이라는 이름으로 더 많이 불리며 들이나 농촌지역에서 흔하게 관찰되는 식물이다. 줄기는 네모난 단면을 가지고 있고 마디가 유난히 튀어나와 있어 멀리서 보아도 소의 관절처럼 단단한 느낌을 준다. 잎은 마주 달리고 달걀이나 타원 모양을 띠며 눈에 띄는 화려한 꽃은 아니지만, 초가을이면 조용히 그러나 성실하게 꽃을 피우고 열매를 맺게 되는데 열매에는 갈고리가 달려있어 사람의 바지에 잘 붙기에 들에 나갔다가 돌아올 때 바지에 붙은 씨앗 중 대부분이 쇠무릎의 씨앗

옷에 달라붙는 쇠무릎 열매

쇠무릎 뿌리

이다.

뿌리에는 사포닌과 다양한 미네랄이 풍부해 예로부터 무릎과 허리, 고관절 같은 하체 관절의 열감과 통증을 가라앉혀주는 약초로 사용되었으며 혈액순환을 돕고, 두통이나 고혈압과 같은 증상 완화에도 쓰였다고 한다. 이러한 이유로 오늘날까지도 무릎이나 허리가 아픈 사람들 사이에서 우슬은 귀하게 여겨지며 많은 이들이 찾는 약초이다.

우슬에 얽힌 의원과 제자 이야기

옛날 한 의원이 있었는데 그는 근육과 뼈의 질병을 다스릴 수 있는 특별한 약초의 뿌리를 연구하며 많은 환자를 치료해 왔다. 세월이 흐르고 나이가 든 그는 자신에게 죽음이 가까워졌음을 느끼고 고민에 빠지는데 그동안 배운 비방(秘方)을 누구에게 물려줄 것인가 하는 문제였다. 그는 제자들을 불러놓고 "너희들은 이미 배움을 마쳤으니 각자의 길을 찾아가거라."라는 말을 전했고 제자들은 스승의 뜻을 따라 하나둘 흩어졌다. 이후 시간이 지나 의원은 비방의 전수자를 찾기 위해 한 제자의 집을 찾아가 머물러 보는데 제자는 스승이 재물이 많을 것이라 생각하고 몰래 스승의 보따리를 뒤져보았으나 아무것도 없는 것을 알고는 태도를 바꾸었다.

의원은 그 집을 나와 다른 제자들에게도 찾아가 보았으나 스승에게 재물이 없다는 소문이 돌았는지 모두 냉랭하게 대하였다. 그렇게 길가에 앉아 한숨을 쉬고 있을 때 가장 어린 제자가 의원을 찾아와 말했다. "스승님, 제가 모시겠습니다. 저의 집으로 함께 가시죠." 의원은 놀라며 "내가 가진 것도 없는데 정말 나를 돌봐 주겠느냐?"라고 물었고 어린 제자는 담담하게 "스승님을 모시는 것은 당연한 일이 아닙니까?"라고 답했다.

제자의 진심에 의원은 깊이 감동했고 시간이 흘러 의원이 병석에 눕게 되었을 때 어린 제자는 정성을 다해 스승을 돌보았다. 의원은 제자의 헌신을 보고 드디어 마음을 열면서 제자에게 "나의 비방을 너에게 전하겠다. 세상 병든 사람들을 잘 치료하거라."라고 말하며 한 약초를 알려주었는데 그 약초가 바로 바로 우슬, 즉 쇠무릎이었다. 이후 제자는 스승의 가르침과 우슬 덕분에 많은 환자를 치료하며 널리 이름을 떨쳤다고 한다. 작은 풀 한 뿌리와 스승의 지혜가 만나 세상의 많은 무릎과 허리를 살리는 길이 열렸던 것이다.

모르면 잡초, 알면 약초

우슬은 들길, 산기슭, 밭 가장자리 등 어디에서나 흔히 볼 수 있는 풀이기에 사람들은 종종 무심코 베어버리며 '그저 잡초'로 여긴다. 그러나 자연에는 결코 무의미한 풀은 없다. 소의 무릎을 닮은 이 풀은 오랜 세월 사람들의 아픈 무릎과 하체를 지켜온 작지만 강한 조력자였다. 우슬은 단순한 풀이 아니라 그것은 묵묵히 땅을 딛고 살아가는 소처럼 인간의 삶이 짓눌리고 지쳤을 때도 버티게 해주는 힘을 지니고 있다. 아픈 무릎을 다시 일어서게 하고 삶의 무게를 견디게 하는 자연의 지혜가 그 속에 숨어 있는 것이다. 몸이 아프고 마음이 지칠 때 먼저 자연을 바라보라. 자연은 늘 우리에게 필요한 해답을 준비하고 있다. "알면 약초, 모르면 약초"라는 말이 새삼 진지하게 다가온다.

복분자 꽃

복분자 열매

4.
복분자,
요강을 뒤엎은
딸기

건강과 생명의 기운을 품은 딸기

사람들은 누구나 건강하고 활기찬 삶을 꿈꾼다. 단순히 병이 없는 상태를 넘어서 마음과 몸에 기운과 활력이 넘치는 삶, 즉 스테미너가 충만한 삶을 원한다. 그런 바람 속에서 인간은 오래전부터 자연을 바라보았다. 산과 들, 숲과 계곡 속에서 몸과 마음을 돌봐줄 작지만 강한 생명체를 찾았는데 바로 그 길에서 만난 것이 복분자딸기다. 복분자딸기는 단순히 맛있는 열매를 더해 이 딸기의 힘이 워낙 강해 먹으면 요강을 뒤엎을 정도였다고 전해진다. 작고 겸손한 열매 속에 담긴 강인한 생명력은 인간이 바라는 건강과 스테미너의 상징이자 자연과 조화롭게 살아가는 지혜를 조용히 일깨워준다.

딸기의 종류와 성격

딸기는 크게 두 가지로 나눌 수 있는데 하나는 풀처럼 땅 위에서 자라는 초본류의 딸기와 또 다른 하나는 덩굴처럼 야산에서 자라는 나무딸기다. 초본류 딸기는 우리가 겨울부터 봄까지 시중에서 흔히 볼 수 있는 크고 달콤한 딸기가 있으며 들판이나 야산에서 자라는 뱀딸기처럼 소박하지만 자연 그대로의 풍미를 간직한 야생 딸기도 있다.

반면 나무딸기는 조금 다른데 산딸기, 곰딸기, 멍석딸기, 줄딸기 등 여러 종류가 있으며 오늘의 주인공인 복분자딸기도 여기에 속한다. 나무딸기들의 특징은 온몸을 가시로 무장했다는 것으로 함부로 손을 댔다가는 쉽게 찔리고 상처를 입을 수 있다. 꽃말이 '질투'인 이유일까. 복분자딸기를 비롯한 나무딸기들은 은밀한 접근이나 갑작스러운 접촉을 쉽게 허락하지 않는다. 마치 자연이 스스로 지키는 영역을 가진 듯 신중한 마음과 존중을 요구하는 존재다.

일반딸기

뱀딸기

산딸기

복분자딸기의 특별한 모습

복분자딸기는 장미과에 속하는 다년생 덩굴성 식물로 우리나

라 산기슭의 햇살 좋은 곳에서 자라며 겉보기에는 산딸기와 비슷하지만, 자세히 보면 줄기와 열매에서 독특한 매력을 발견할 수 있다. 일반 산딸기는 붉은빛 줄기를 가진 반면, 복분자딸기의 줄기는 길이가 3미터까지 뻗고 줄기는 마치 밀가루를 살짝 뿌린 듯 흰빛을 띤다. 이 줄기는 땅에 닿으면 스스로 뿌리를 내려 새로운 덩굴로 번식하는 독특한 생존 전략을 지니고 있어 자신만의 터전을 넓혀 가는 모습은 자연 속에서 끈질기게 생명을 이어가는 작은 전략가를 보는 듯하다.

복분자딸기는 5~6월에 꽃을 피우고, 7~8월이면 열매가 익는데 일반 산딸기와 구별되는 것은 산딸기가 익으면 선명한 붉은색을 띠는 데 비해 복분자딸기는 처음에는 붉다가 완전히 익으면 깊고 진한 검붉은 색으로 변한다. 겉보기에는 비슷하지만 속을 들여다보면 전혀 다른 존재라는 것을 알 수 있는 자연이 빚어낸 섬세한 차이가 담겨 있다. 새콤달콤한 맛 덕분에 간식으로 즐기기 좋고 오래전부터 남성의 건강과 스테미너를 돕우는 효능이 있다고 전해 내려오고 있으며 복분자딸기로 담근 술, '복분자주'로도 사랑받으며 약용으로도 널리 쓰이는 다재다능한 식물이다.

요강을 뒤엎는다는 말의 유래

복분자딸기의 이름에는 재미있는 전설이 전해 내려온다. 옛날 중국 어느 마을에 자식을 얻지 못해 한평생 고민하던 노부부가 있었다. 세월이 흘러 어렵게 얻은 아들은 너무 병약하여 쉽게 힘이 빠졌고, 부모는 아이를 살리기 위해 온갖 약을 써 보았지만 별 효과가 없었다. 그러던 어느 날 길을 지나던 나그네가 아이에게 복분자딸기를 먹여 보라고 권했다. 부모는 반신반의하며 그 말에 따라 복분자딸기를 달여서 먹였는데 놀랍게도 아들은 점점 건강해졌고 기운이 넘쳐 작은 몸에서도 활력이 샘솟았으며 아이가 소변을 볼 때는 힘이 너무 세어 요강을 뒤엎을 정도였다고 한다. 그 이야기에 따라 이름이 붙여졌는데 '뒤집힐 복(覆)', '요강 분(盆)', '아들 자(子)' 자를 모아 요강이 뒤집힌다는 뜻으로 복분자(覆盆子)라 부르게 되었다고 한다. 작고 검은 열매 속에는 단순한 맛과 영양을 넘어 생명을 돕고 기운을 북돋는 자연의 힘이 담겨 있음을 전하는 이야기다.

어린 시절의 추억과 교훈

여름철 책보를 둘러메고 시골길을 걸으며 학교에 다니던 어린 시절이 떠오른다. 길가 한쪽에 햇살을 머금고 빨갛게 익어가는 산딸기를 발견하면 그 달콤한 유혹에 시간 가는 줄도 모르고 손을 뻗어 따먹던 순간들이 스쳐 가는데 비록 그때의 딸기는 복분자가 아니었지만, 그 풋풋한 맛과 향은 마음 깊숙이 기억의 열매로 남아 있다. 작은 열매 하나가 주는 기쁨은 단순한 맛을 넘어 시간과 공간을 넘어 어린 시절의 나를 만나게 하는 선물과 같다. 오늘 우리가 걷는 길 손끝에 닿는 자연의 소소한 생명들 속에서 어린 시절의 순수함과 활력을 다시 만나는 기쁨을 잊지 말아야 한다. 그리고 그 기쁨을 오래도록 지키기 위해 우리는 자연과 함께 조심스럽게 그러나 진심으로 함께 가는 법을 배워야 할 것이다.

비수리

5.
비수리,
밤에 문을 연다는
야관문

약장수의 입담, 그리고 젊은 날의 향수

얼마 전 청계천 황학동 도깨비시장 골목을 거닐다가 골목길 한 가운데서 가지런히 놓인 말린 풀잎들과 그리고 사람들을 둘러 세운 약장수의 구수한 목소리에 발걸음을 멈췄다. "차로 끓여 마셔도 좋지만, 술에 담가야 진짜 약이 되는 거요!" 야관문 즉 비수리를 놓고 장사를 하고 있는 약장수의 외침이다. 약장수의 한마디에는 단순한 처방 이상의 무언가가 담겨 있었고 한 시대의 정서와 해학, 사람과 자연이 오랜 세월 주고받았을 소소한 이야기가 함께 녹아 있는 삶의 향기 같은 것이었다. 나도 모르게 미소를 지으며 생각했다. '아, 나도 이제 저런 이야기를 마음껏 즐길 수 있는 나이가 되었구나.' 젊은 날의 허둥거림 속에서는 놓쳤던 소박하지만 오래도록 마음에 남는 즐거움. 그 즐거움이 바로 야관문처럼 조용히 피어나 우리 내면 깊숙이 스며드는 것이 아닐까.

비수리의 생태적 특성

비수리는 콩과식물의 다년생 초본류로 전국의 산기슭과 들판 어디에서나 흔히 만날 수 있는 친근한 존재로 '야관문(夜關門)'이라는 이름으로 불린다. 최대 1미터까지 자라는데 처음 보면 풀처럼 보이지만 자세히 살펴보면 줄기 일부가 단단히 목질화되어 있어 마치 작은 나무처럼 느껴진다.

가지마다 어긋나게 달린 세 잎은 이 식물만의 섬세한 패턴을 보여주며 여름철이 한창일 때면 잎겨드랑이에서 흰 바탕에 자주색 무늬가 섞인 꽃이 피어나는데 싸리꽃과 비슷하게 피며 화려하지는 않지만, 들판의 소박한 배경 속에서 은은히 빛나는 작은 보석처럼 사람의 시선을 사로잡는다. 줄기가 단단한 덕분에 빗자루나 광주리 같은 생활 도구를 만들 때 활용하는 등 비수리는 인간의 삶 속에서도 작은 도움을 주며 함께 숨 쉬어온 동반자 식물이다.

생태복원의 감초, 비수리

비수리는 겉보기에는 소박하지만, 땅속에서는 놀라운 일을 해내는 식물이다. 뿌리에는 뿌리혹박테리아가 공생하며 공기 중의 질소를 땅속에 고정하여 다른 식물들이 잘 살 수 있도록 한다. 덕분에 척박한 땅에서도 꿋꿋이 잘 자라기에 도로의 경사면 복원이나 토양 개량용으로 널리 활용된다. 조경과 생태복원을 업으로 삼는 필자로서는 비수리가 무척 익숙한 식물이다. 특히 경사진 사면을 복원할 때 싸리, 낭아초와 함께 늘 감초처럼 빠지지 않고 등장하는 콩과식물이 바로 이 비수리다. 그 존재감은 화려하지 않지만 보이지 않는 곳에서 묵묵히 생태를 지탱하고 회복시키는 힘을 가진다.

비수리는 땅속에서 초목이 뿌리 내릴 수 있도록 돕는 조용한 조력자로서 훼손된 생태계를 되살리고 다음 세대의 생명을 품는 비수리의 모습은 마치 우리의 일상 속 작은 은인과도 닮아있다. 조용하지만 의미 깊은 존재가 바로 비수리다.

밤의 문을 여는 이름, 야관문

'야관문(夜關門)'이라는 이름에는 흥미로운 민간 설화가 깃들어 있는데 이 야관문을 먹은 남자와 하룻밤을 함께한 여인은 그날 이후 매일 밤 대문의 빗장을 열고 그를 기다렸다고 한다. 한자어로 밤 야(夜), 빗장 관(關), 문 문(門)자를 써서 '밤에 문의 빗장을 연다'라는 뜻으로 야관문이라는 이름이 붙었다고 한다. 또 다른 이름인

'천리광(千里光)'은 조금 더 시적인데 '이 풀을 먹으면 천 리 밖에서
도 빛이 난다'라는 뜻이라고 하는데 과장이 섞인 이야기이지만 그
속에는 오래전 사람들의 소망과 바람 그리고 생명에 대한 믿음이
담겨 있기 때문일 것이다. 정력과 체력, 스태미너를 돋우는 식물이
라는 믿음은 단순한 민간요법을 넘어 사람들의 삶과 이야기 속에
깊숙이 자리 잡고 있다.

조용하지만 의미 깊은 존재

비수리는 겉보기에는 소박하고 평범한 풀처럼 보이지만 그 속
에는 사람과 자연 삶과 이야기가 겹겹이 쌓여 있다. 약장수의 구수
한 입담 속에서는 한 시대의 향수와 소박한 즐거움을 느낄 수 있
고, 들판과 산기슭에서 자라는 비수리의 모습에서는 자연이 품은
섬세한 질서와 생명의 끈기를 발견할 수 있었으며, 또한 땅속에서
는 묵묵히 생태를 지탱하고 회복시키는 조용한 조력자의 역할을
하며 삶과 자연을 이어주는 다리 같은 존재이기도 하다.

야관문이라는 이름에는 인간의 바람과 소망, 그리고 은밀한 설
화가 담겨 있는데 밤의 문을 열고 누군가를 기다리는 이야기, 천
리 밖에서도 빛난다는 이야기 속에는 즐거운 상상과 호기심이 녹
아 있는데 그 이야기들을 믿어야 할지는 독자 여러분 각자의 몫으
로 남겨두고 싶다. 그저 우리는 이 소박한 풀 속에서 조용하지만
의미 깊게 살아가는 삶의 한 단면을 발견할 수 있을 뿐이다.

삼지구엽초

6.
삼지구엽초,
음탕한 양이
먹는 풀

자양강장의 풀, 삼지구엽초

세 갈래의 가지에 아홉 개의 잎이 있어 '삼지구엽초'라 부르는 식물이 있다. 동의보감에는 남자의 양기와 여자의 음기를 북돋우고 중풍과 냉증, 허약 체질을 다스리는 자양강장제로 소개되어 있다. 한방에서는 '음양곽(淫羊藿)'이라 불리며 단순한 약재를 넘어 인간의 삶과 건강, 그리고 자연과의 조화 속에서 오랜 세월 사랑받아 온 풀이다.

삼지구엽초는 그 이름과 전설만으로도 사람들의 상상력을 자극한다. 몸을 보하고 기운을 북돋우는 강장제로서의 효능은 물론 자연 속에서 스스로 자라며 계절의 흐름을 담아낸 모습 역시 흥미롭다. 그 속에는 단순한 약효를 넘어 인간이 자연 속에서 몸과 마음

을 돌보고, 삶의 균형을 찾으려 했던 지혜와 경험이 오롯이 녹아 있다.

이름에 담긴 자연의 질서

삼지구엽초는 매자나무과에 속하는 다년생 초본류로 우리나라 중부 이북 지방의 산과 들에서 자생하는 야생초다. 키는 약 30㎝ 정도로 작지만, 그 형태는 작은 자연의 질서를 보여주는데 하나의 줄기에서 세 갈래의 가지가 뻗어 나오고 가지마다 세 장의 잎이 달려 총 아홉 장의 잎이 돋아나는 모습은 마치 정교하게 설계된 자연의 패턴을 보는 듯 하기에 사람들은 '세 줄기에 아홉 잎이 달린 풀'이라는 뜻으로 '삼지구엽초'라는 이름을 붙였다.

5월이면 연노란빛의 꽃이 조용히 피어나고 7월에는 작고 앙증맞은 열매를 맺으며 잎은 심장 모양으로 끝이 뾰족하고 줄기를 따라 아홉 장이 모여 자라는 독특한 형태는 보는 이로 하여금 자연의 섬세함과 조화로움을 떠올리게 한다. 이 식물은 '음양곽(淫羊藿)'이라는 이름으로도 널리 알려져 있으며 한약재로 자주 쓰이는데 과거에는 약으로 만들어 TV에도 소개될 정도로 사람들의 관심과 신뢰를 받은 식물이다. 삼지구엽초는 그 작은 몸집 속에 약효와 생태적 아름다움, 그리고 오랜 전통 지혜까지 담고 있는 자연이 준 소중한 선물과도 같은 식물이다.

숫양을 흥분시키는 풀

중국 고대 의서 『본초강목』에는 삼지구엽초에 얽힌 흥미로운 전설이 전해진다. 옛날 한 양치기 노인은 자신이 기르던 숫양이 수백 마리의 암양과 연일 교미를 하면서도 전혀 지치지 않는 것을 보고 크게 의아해했다. 어느 날 호기심이 발동한 그는 몰래 숫양을 뒤따라가 보았는데 그 숫양은 산속 풀밭 한가운데에서 무성한 어떤 풀을 뜯어 먹고 있었던 것이었다. 노인은 자신도 그 풀을 채취해 먹어 보았는데 놀랍게도 평소 지팡이에 의존해야 했던 몸이 거뜬해지고 산을 지팡이 없이 내려올 수 있을 정도로 기력이 회복되었다. 그때 사람들은 이 풀을 '음탕한 양을 흥분시킨다'라고 하여 음란할 음(淫), 양 양(羊), 콩잎 곽(藿)자를 사용하여 '음양곽(淫羊藿)'이라는 이름을 붙였고 곧 사람들의 입소문을 타기 시작했다.

오늘날에도 음양곽은 성기능 강화와 허약 체질 개선 등 다양한 효능으로 한방에서 대표적인 강정약재로 쓰인다. 작은 풀 한 포기가 자연 속에서 이렇게 전해진 이야기는 인간과 식물이 오랜 세월 서로 영향을 주고받으며 삶 속 지혜를 나누어 왔음을 보여준다. 단순한 약재를 넘어 삶과 생명, 건강에 얽힌 자연의 이야기이자 우리

조상들의 지혜가 담긴 살아있는 전설인 셈이다.

보신 문화로 사라져 가는 들풀들

삼지구엽초는 어린순을 나물로 먹을 수 있을 뿐 아니라 잎과 뿌리는 약재로 오랜 세월 사람들의 건강을 지켜왔다. 최근에는 그 독특한 잎과 꽃의 형태 덕분에 정원 조경용 식물로도 재조명되고 있지만 안타깝게도 과도한 채취 문제가 뒤따르고 있다. 특히 음양곽의 효능이 널리 알려지면서 무분별한 채취가 이어졌고 그 결과 야생의 개체 수가 급격히 줄어들고 있다. 심지어 외형이 비슷한 꿩의다리와 같은 유사 식물까지 함께 잘못 채취되면서 생태계 교란의 우려도 점점 커지고 있다.

인간의 건강을 위해 시작된 보신 문화가 오히려 자연의 건강을 위협하는 아이러니한 현실이 안타깝다. 이제 우리는 무분별한 채취를 중지하고 자연과 공존하며 이해하고 존중하는 태도를 가져야 할 때다. 작은 들풀 한 포기조차 우리가 지혜롭게 보살필 때 비로소 자연이 주는 선물 본연의 가치를 지킬 수 있다.

자연과 인간, 그리고 삶의 지혜

음양곽은 단순한 들풀 하나를 넘어 인간과 자연, 전통과 지혜가 오랜 세월 겹겹이 쌓인 살아 있는 기록과도 같다. 세 갈래 가지에 아홉 잎이 달린 그 섬세한 모습은 자연의 질서를, 황금빛 꽃과 앙증맞은 열매는 생명의 순환을 보여준다. 또한 숫양을 흥분시킨 전설과 보양의 약으로 쓰인 이야기는 인간이 자연 속에서 몸과 마음을 돌보고 삶의 균형을 찾으려 했던 지혜와 호기심을 담고 있지만, 오늘날에는 무분별한 채취로 야생 개체 수가 줄어들고 심지어 생태계 교란까지 일으킬 수 있는 위기에 처해 있다. 인간의 건강과 욕심을 위해 자연이 희생되는 현실은 아이러니하지만 동시에 우리가 다시금 자연과 공존하는 지혜를 되새겨야 할 필요를 알려 준다.

하수오 잎

하수오 꽃

7.
하수오,
흰머리가
검어지는 뿌리

젊음은 인류가 가장 오래 붙들어 온 꿈

시간은 누구에게도 예외 없이 흘러가고 있다. 어느 날 문득 거울을 바라보면 어제와 다르지 않은 하루였음에도 피부의 결은 한층 느슨해지고 머리카락 사이로 흰빛이 조심스레 스며들고 있음을 발견하게 된다. 그 사소한 변화 속에서 우리는 '시간이 흘러가고 있다'라는 사실을 직감하며 설명하기 어려운 서글픔과 마주한다. 그래서 인간은 아주 오래전부터 노화를 단순히 지연시키는 수준을 넘어 아예 되돌리고 싶어 해왔다. 흐름을 늦추는 것이 아니라 다시 시작점으로 돌아가고자 하는 욕망이 수천 년 동안 수많은 약초와 처방을 찾아 헤매게 만든 가장 근원적인 이유였다. 그 꿈의 중심에 서 있었던 식물 중 하나가 바로 '하수오'이다. 머리를 다시 검게 돌려준다는 전설, 쇠약했던 몸을 되살렸다는 이야기들, 이 모든 서사는 결국 인간이 자연에게 던져 온 오랜 질문으로 "정말 되돌아갈 수는 없습니까?"라는 간절한 물음에 대한 희망의 응답처럼 존재해 왔다.

머리를 검게 해준다는 길쭉한 덩이뿌리, 하수오

하수오는 한때 '머리가 다시 검어진다'라는 소문 하나만으로 사람들의 시선을 단숨에 사로잡았던 적이 있다. 마디풀과에 속하는 여러해살이 덩굴식물인 하수오는 적하수오, 붉은초롱, 토우 등의 다양한 이름으로 불렸다. 중국에서 우리나라로 전해졌으며 지금은 산이나 들의 햇볕이 잘 드는 양지바른 비탈길에서도 어렵지 않게 발견되고 약초로서 재배하기도 한다.

잎은 작고 심장 모양이며 줄기를 따라 어긋나게 달리고 초여름인 8~9월경에는 하얗고 소담한 꽃이 피어나며 열매는 고작 7~8미리 남짓한 크기지만 세 개의 가느다란 날개가 달려있어 마치 '언제든 바람을 타고 떠날 준비를 마친 작은 비행체'처럼 섬세한 형태를

하수오 수꽃

하수오 뿌리

이루고 있다.

하수오의 진짜 가치는 땅 위가 아니라 땅속에 숨어 있는데 고구마처럼 길고 통통하게 살이 오른 덩이뿌리가 바로 그 주인공이다. 이 뿌리가 예로부터 '쇠한 기력을 되살리고, 희어진 머리카락을 다시 검게 돌려준다'라는 약초로 전해 내려오며 수백 년 동안 사람들의 상상과 희망을 품고 살아온 식물이다.

하 씨의 머리가 까마귀처럼 검어졌다

하수오라는 이름에는 설화 같은 이야기가 전해진다. 오랜 옛날 중국에 하(何)라는 성을 가진 사내가 살고 있었는데 그는 태어날 때부터 기력이 약해 쉰 살이 되도록 결혼조차 하지 못한 병약한 인물이었다. 어느 날 밭일을 마친 그는 술기운에 몸을 맡긴 채 논두렁에 누워 잠이 들었는데 꿈에서 두 개의 덩굴이 서로 감겼다가 풀리며 마치 부부처럼 춤을 추는 이상한 광경을 목격했다. 하 씨는 이 꿈이 예사롭지 않다고 여겨 눈을 떴는데 바로 옆에 꿈에서 본 식물이 있어 그 덩굴을 캐어 마을 사람들에게 물어보았지만, 누구도 그 정체를 알지 못했다.

며칠 뒤 산길에서 우연히 만난 노인이 그 이야기를 듣더니 "그건 하늘이 내린 신령한 약초요. 술에 담가 복용해 보시오."라고 조언했다. 병약한 몸이라 간절함이 컸던 하 씨는 그 뿌리를 술에 담가 복용했고 며칠이 지나자 쇠약했던 기력이 되살아났을 뿐 아니라 희끗희끗하던 머리카락이 까마귀 깃처럼 짙고 검게 변해 갔다.

이후 하 씨는 마침내 혼인을 하고 자식도 낳았으며 놀랍게도 160세까지 장수했다고 하는데 그 후 사람들은 '하 씨의 머리가 까마귀처럼 검게 되었다'라는 뜻으로 이 약초를 성 하(河), 머리 수(首), 까마귀 오(烏) 자를 사용하여 '何首烏(하수오)'라 부르게 되었고 그 이름은 지금까지도 전설처럼 이어지고 있다고 한다.

가짜 논란의 중심이 된 백하수오와 이엽우피소

하수오는 붉은색을 띤다고 하여 '적하수오'라고도 하는데, 이와 생김새가 비슷한 백색의 '백하수오'라는 전혀 다른 식물이 오래전부터 혼동되어 사용되고 있다.

백하수오는 박주가리과에 속하며 큰조롱, 새박풀이라는 이름으로도 불리는데 잎은 마주나고 끝이 뾰족한 심장형이며 여름에는 연한 황록빛 꽃이 피고 가을이면 길고 가는 꼬투리열매가 맺히며 열매가 익으면 벌어지며 솜털 같은 깃이 달린 씨앗들이 낙하산처럼 바람을 타고 멀리 퍼져나간다. 뿌리 또한 적하수오처럼 굵고 매끈한 것이 아니라 상대적으로 가늘고 길쭉한 형태를 띠고 있는 등 하수오(적하수오)와는 전혀 다른 식물이다. 하지만 백하수오도 약용으로 많이 활용되고 있어 두 식물을 혼동해서 하수오라 부르기도 한다.

문제는 백하수오도 아닌 전혀 다른 식물이 '하수오'라는 이름으로 유통되기 시작한 것인데 몇 해 전 큰 파장을 일으킨 소위 '가짜 하수오 파동'이다. 당시 백하수오 제품 중 상당수가 사실은 '이엽

백하수오 열매

백하수오 뿌리

우피소'라는 또 다른 박주가리과 식물로 판명되었다. 이 식물은 잎이 둥글고 표면이 울퉁불퉁하며 재배가 쉬워 하수오로 둔갑하여 값싸게 대량 유통되었다. 이 일로 한동안 하수오를 사용한 전 제품에 대한 신뢰가 무너졌고 식물 유통 전반에 대한 불신까지 번지게 되었다. 게다가 백하수오와 이엽우피소는 말린 상태에서는 전문가도 구분하기 어려울 정도로 비슷하고 약효 또한 명확히 검증되지 않은 채 논쟁 속에 놓여 있어 지금도 그 효능과 안전성을 두고 여러 의견이 오가고 있다.

전설을 삼키기 전에 자연을 먼저 듣다

하수오는 오랫동안 머리를 검게 한다는 전설과 기력을 되살린다는 기대 속에 사람들의 관심을 받아왔다. 그러나 그 흥미와 열풍이 때로는 과도한 채취와 가짜 유통으로 이어지며 자연의 균형까지 흔들어 놓기도 했다. 이처럼 신비한 약초든 풀꽃 하나든, 우리에게 도움을 주는 생명 앞에서는 경외심과 책임이 필요하다. 특히 몸속으로 들어가는 것이라면 더더욱 확실한 검증과 신중한 판단이 먼저여야 한다. 유행이나 소문이 아니라 정직한 태도가 우리의 건강과 자연을 함께 지키는 길이다. 오늘도 사람의 손길이 닿지 않는 숲 어딘가에서 조용히 자라고 있을 하수오. 그 뿌리에는 오랜 시간 쌓인 전설이 그 잎에는 자연이 건네는 작은 경고가 깃들어 있다. 우리가 귀 기울여야 할 것은 어쩌면 그 조용한 목소리일지도 모른다.

익모초

8.
익모초,
어머니에게
이로운 풀

굽은 허리라는 이름의 생애, 어머니

'어머니'라는 세 글자에는 단순한 호칭이 아닌 시간의 무게와 희생의 온도가 담겨 있다. 옛시절 어머니들은 하루의 대부분을 땅과 맞닿은 채 살아야 했다. 한겨울에는 언 손으로 장작을 패고, 초여름의 뙤약볕 아래서는 굽은 허리로 밭을 매며, 냇가에서는 무릎을 굽혀 찬물에 빨래를 했다. 그들의 하루는 노동으로 채워졌지만, 그 노동은 생계를 위한 일이기보다는 가족을 위해 자신을 기꺼이 소모하는 사랑의 방식이었다. 세월이 쌓이자 결국 어머니의 허리는 서서히 굽었고 우리는 그 굽은 허리를 보며 '고단함'이 아니라 '사랑과 헌신의 곡선'을 보게 된다. 하지만 그렇게 몸 하나 성할 날이 없던 어머니들에게 의지할 약초 하나조차 없던 시절 사람들은 자연에 묻기 시작했다. '어머니의 아픔을 덜어줄 풀은 없을까?' 그 질문에 답하듯 마치 자연이 내어준 듯 등장한 식물이 바로 '어머니에게 이로운 풀'이라는 뜻의 '익모초(益母草)'다.

네가 있어 어머니가 웃는다, 익모초

익모초는 이른 봄 언 땅이 풀리자마자 쑥처럼 푸른 잎을 가장 먼저 내밀고 시간이 흐르면서 그 모습은 점차 쑥과는 다른 방향으로 변해간다. 우리나라 들녘과 산기슭 햇살이 오래 닿는 양지바른 곳이라면 어디든 스스로 자리를 잡고 번져가는 자연이 스스로 지켜내는 다년생 식물이다.

잎은 마주나며 잎자루가 길게 뻗어 있고 하나의 잎이 셋으로 갈라지며 다시 그 갈래가 셋으로 나뉘는 특별한 형태를 띤다. 줄기를 손으로 어루만져보면 둥그렇지 않고 사각형이며 각 면에는 홈이 파여 있어 헷갈리기 쉬운 쑥 종류와 구별된다. 7~8월 한여름이 다가오면 잎겨드랑이마다 은은한 연분홍빛의 작은 꽃이 피는데 겉보기에는 수줍은 꽃이지만 그 안에는 꿀이 풍부해 벌과 나비들이

익모초 잎

익모초 꽃

쉼 없이 찾아드는 생명의 작은 정원이 된다. 9월 즈음 열매를 맺기 시작하면 약효는 절정에 이른다고 전해져 꽃이 피기 전 줄기를 베어 그늘에서 천천히 말려 귀한 약재로 쓴다.

전통적으로 익모초는 차처럼 달여 마시거나 생즙으로 짜 마시며 특히 여성의 몸을 다스리는 데 특효가 있다고 전해 내려오고 있는데 많은 이들이 이름보다 먼저 '어머니에게 도움이 되는 풀'로 기억했던 이유도 바로 여기에 있다. 누군가의 고통을 덜어주는 식물로 익모초는 오래전부터 단순한 약초가 아니라 사랑을 대신해 몸을 내어준 풀로 여겨져 왔다.

익모초 이름에 담긴 이야기

옛날 중국의 한 마을에 가난한 어머니와 아들이 살고 있었는데 어머니는 아이를 낳은 뒤 산후조리를 제대로 하지 못해 늘 팔다리가 저리고 배가 시렸지만 가난 탓에 약 한 첩 사 먹는 일조차 어려웠다. 어머니의 고통을 바라보던 아들은 용하다는 의원을 찾아가 어렵게 약 두 첩을 구해드렸지만, 약효는 고작 며칠뿐이었다.

다시 약을 구하는 것도 불가능하던 상황에서 아들은 의원이 약초를 캐러 산으로 향하자 몰래 그 뒤를 따라붙었고 의원이 조심스레 캐어 가던 풀의 줄기와 잎의 모양을 마음에 깊이 새겨두었다. 다음 날 아들은 홀로 들판을 헤매며 그 풀을 찾아내어 정성껏 달여 어머니께 드렸는데 신기하게도 통증이 점차 사라졌고 며칠이 지나자 어머니의 병은 씻은 듯 나았다. 이후 아들은 더할 익(益), 어미

모(母), 풀 초(草)를 붙여 '어머니에게 이로운 풀'이라는 뜻의 '익모초(益母草)'라 이름을 지었다고 한다. 익모초라는 이름은 약초의 이름이기 전에 어머니를 향한 한 아들의 사랑이 붙여준 이름이었다.

어머니가 짜준 생즙, 그리고 그리움

어릴 적 한여름, 더위에 지쳐 있으면 어머니는 이름 모를 풀을 학독에 넣고 돌절구로 짓이겨 초록빛 생즙을 만들어주셨다. 낯선 냄새에 쓴맛까지 더해져 한 모금 마시고는 울상을 짓고 도망치곤 했지만, 그 풀이 바로 익모초였다는 것도, 그 쓴 즙 한 잔이 여름 더위를 이겨내는 힘이 되어주었다는 것도 그때는 알지 못했다.

그 시절 내게 남은 기억은 그저 너무 쓰다는 감각뿐이었지만 시간이 흐를수록 그 맛 너머의 마음이 보이기 시작했다. 뙤약볕 아래에서 하루를 버티고도 정작 자신의 입에는 한 모금도 넘기지 않은 채 자식에게 먼저 건네던 어머니의 사랑이었음을.

요즘은 길가에 익모초가 피어 있는 것만 보아도 어머니의 손길이 먼저 떠오른다. 굽은 허리임에도 마다하지 않고 짜내시던 그 생즙. 입안엔 아직도 쓴맛이 남아 있는 듯하지만 마음속에는 그보다 더 따뜻한 그리움이 오래도록 머문다.

사라져도 남는 것은 향기, 익모초가 남긴 마음

지금도 들녘의 양지에서는 아무 말 없이 익모초가 피고 지지만 많은 이들에게 그것은 식물이 아니라 '기억'이 된다. 눈으로 보면 풀 한 포기일 뿐이지만 마음으로 보면 한 시대의 어머니들이 기댔던 약방이자 요 사랑을 짜서 건네던 손길의 흔적이다. 시간이 지나면 풀은 마르고 이름은 잊어버리지만, 그 풀에 스며 있던 마음만은 이상하게도 오래 남는다. 오늘 우리가 들판에서 마주치는 작은 풀 한 포기가 누군가에게는 여전히 '어머니가 내게 짜주시던 한 모금의 생명'일 수 있다는 사실. 그 기억 하나만으로도 익모초는 더 이상 약초가 아니라 '따뜻한 사랑의 표식'이 된다.

5장.
사계절의
주인공들

왕벚나무

1. 봄
왕벚나무,
우리 민족의
정체성

꽃잎은 나비가 되어 봄바람에 춤추고

이른 봄, 공원과 도로변을 따라 늘어선 나무들이 은백색 꽃망울을 터뜨리며 봄의 절정을 알린다. 바로 왕벚나무꽃의 향연이다. 우리나라 어디서든 쉽게 마주할 수 있는 이 나무는 4월이면 흰빛에서 연한 분홍빛으로 물든 꽃을 피우고, 이어 6~7월이면 붉게 익은 열매를 거쳐 점차 검은빛으로 열매가 익어간다. 잎보다 먼저 피는 꽃은 수만 송이가 한꺼번에 개화하며 그 모습은 그 어떤 나무와도 견줄 수 없다. 낮의 햇살 아래서 화사하게 빛나다가도 밤이 되면 은은한 불빛에 비친 꽃들이 마치 또 다른 세계로 이끄는 듯한 운치를 자아낸다.

꽃잎이 떨어질 때 부드러운 봄바람에 실려 흩날리는 모습은 마

왕벚나무 꽃

왕벚나무 열매

왕벚나무 몽우리

만개한 왕벚나무 꽃

치 수많은 흰 나비가 날갯짓하며 하늘을 유영하는 것 같다. 사람들은 그 장면 앞에서 잠시 말을 잊고 마음속 깊이 감탄과 설렘을 담는다. 최근에는 지자체와 여러 기관들이 왕벚나무 숲을 조성하고 '벚꽃길'이나 '벚꽃축제'를 열면서 겨우내 움츠렸던 사람들의 마음을 따뜻하게 어루만져준다. 단순한 풍경을 넘어 봄을 기억하게 하고 우리 삶 속에 계절의 울림과 여운을 남기는 대표적 문화이자 자연의 선물이다.

왕벚나무의 원산지 논란과 종결

왕벚나무의 뿌리는 단순한 식물학적 사실을 넘어 오랜 시간 한국과 일본 사이의 문화적 기억과 정체성 논쟁이 이어져 왔는데 한

때 우리는 이 나무가 일본에서 건너온 것으로 알고 '사쿠라'라 불렀다. 일본에서는 법적으로 나라꽃으로 지정되어 있지는 않지만, 관습적으로 사쿠라를 나라꽃처럼 여겨 왔기에 자연스레 일본의 상징으로 받아들여졌다.

1908년, 구한말 선교사이자 식물학자였던 프랑스인 타케 신부가 제주도 한라산 자락에서 자생하는 왕벚나무를 발견하게 된다. 이 발견은 우리 학자들에게 '제주도 자생 왕벚나무가 일본으로 건너갔다'라는 주장의 근거가 되었고 일본 학자들은 자신들의 벚나무 역시 수백 년 전부터 자생해왔다고 맞서면서 원산지 논쟁이 시작되었다.

그로부터 100여 년이 흐른 2018년, 국립수목원의 유전자 분석이 결정적 답을 내놓았는데 제주도의 왕벚나무와 일본의 왕벚나무가 서로 다른 종이라는 사실이었다. 꽃과 잎, 줄기 등 외형은 매우 비슷하지만, 겨울눈의 털 유무와 같은 세부적인 생리적 특징에서 뚜렷한 차이가 나타났다. 이로써 100년 넘게 이어진 논쟁은 사실상 종결되었고 제주도 자생종은 '제주왕벚나무', 일본에서 들여온 품종은 '왕벚나무'라는 명칭으로 각각 구분해 부르게 되었다. 한때는 "제주도 나무를 왕벚나무로, 일본 품종은 일본왕벚나무로 구분하자."라는 의견도 있었지만, 이미 전국에 일본 품종이 '왕벚나무'란 이름으로 심어져 있어 혼란을 막기 위해 현실적 선택을 한 것이다. 이 과정은 단순한 이름 논쟁이 아니라 자연과 역사를 통해 우리의 정체성과 기억을 재확인하는 과정이기도 했다. 한 그루의 나무가 품은 이야기 속에서 우리는 민족과 문화 그리고 자연이 함께 얽힌 시간을 느낄 수 있다.

왕벚나무에 담긴 역사와 아픈 기억

왕벚나무가 우리 땅에 본격적으로 들어온 시기는 바로 일제강점기였는데 일제는 조선의 정통 궁궐이던 창경궁을 '창경원'으로 바꾸고, 동물원과 식물원을 조성하며 궁궐을 유원지로 탈바꿈시켰다. 이 과정에서 일본에서 들여온 왕벚나무가 곳곳에 심어졌고 사람들은 이 나무 아래서 봄의 아름다움을 즐겼는데 그 아름다움 속에서 왕벚나무는 일제의 식민지 정책과 역사적 상처가 겹겹이 얽힌 아픈 역사와 함께한 나무가 된다.

진해 또한 1910년 군항 도시로 개발되면서 2만여 그루의 왕벚나

무가 심어져 오늘날 진해 벚꽃축제의 시초가 된다. 사람들은 화려하게 피어난 벚꽃 아래에서 봄을 즐기지만, 그 시작은 우리 역사 속 아픈 시대와 연결되어 있음을 기억해야 한다. 1980년대 창경궁 복원사업으로 궁궐은 다시 제 모습을 되찾았지만, 진해 군항제는 여전히 벚꽃축제를 중심으로 열린다. 아이러니하게도 군항제는 원래 충무공 이순신 장군을 기리는 의미로 시작된 행사였다. 그러나 일본에서 들여온 왕벚나무 아래에서 축제를 즐기는 모습이 정체성과 상징성의 혼란을 가져온다고 지적하는 목소리가 있다.

전국을 물들인 왕벚나무의 매력

해방 이후 왕벚나무는 한동안 '일본의 나무'라는 인식 때문에 사람들의 마음속에서 멀어졌으며 일부 지역에서는 심지어 베어내기도 했고 식재를 꺼리는 분위기가 강했다. 그러나 제주도가 원산지라는 사실이 알려지고 난 후 사람들의 시선은 서서히 바뀌어 가면서 왕벚나무는 더 이상 단순히 일본에서 들어온 나무가 아니라 우리의 자연과 문화 속에 뿌리내릴 수 있는 존재로 받아들여지기 시작했다.

꽃이 화려하고 줄지어 심으면 장관을 이루는 특성 덕분에 왕벚나무는 자연스럽게 도시와 공원 거리 곳곳에 자리 잡았고 매년 4월이 되면 도시와 마을, 강과 산을 따라 온 나라가 온통 벚꽃으로 물든다. 벚꽃축제는 이제 단순한 놀이가 아니라 봄의 시작을 알리는 문화적 의례가 되었고 사람들에게 계절의 변화를 느끼고 자연

과 연결되는 경험을 선사한다. 화려하게 흩날리는 꽃잎 속에서 우리는 잠시 일상의 속도를 늦추고 꽃과 바람, 햇살과 함께 시간을 나누며 봄을 기억하게 된다.

꽃잎에 담긴 시간과 기억

왕벚나무는 단순히 봄의 도래를 알리는 화려한 꽃나무에 그치지 않는다. 은백색 꽃잎이 햇살을 머금고 바람에 흩날릴 때, 우리는 그 찰나의 아름다움에 잠시 마음을 빼앗기지만 그 뒤편에는 오랜 세월속에 쌓인 역사와 기억, 그리고 문화적 의미가 조용히 스며 있다.

수많은 사람들의 발걸음과 시선이 겹쳐 지나간 시간 위로 꽃은 매년 같은 자리에 피어나고, 그 짧은 개화의 순간은 지나간 계절과 추억을 불러낸다. 꽃잎이 흩날리는 길 위에서 잠시 걸음을 멈추고 그 숨은 사연과 시간을 떠올려 본다면, 봄날의 벚꽃길은 더 이상 스쳐 가는 풍경이 아니라 우리 각자의 기억과 이야기가 겹쳐지는 특별한 공간으로 다가올 것이다.

이팝나무

2. 봄
이팝나무,
염원으로
피어난 꽃

눈꽃나무, Snow Flower

이팝나무는 물푸레나무과의 키 큰 나무로 주로 경기도 이남 지방에서 자라며 서울의 청계천복원 사업 당시 가로수로 심어지면서 많은 사람에게 알려졌고 최근에는 공원과 정원, 도시 조경수로도 큰 인기를 얻고 있다. 이 나무는 암수딴그루, 즉 자웅이주(雌雄異株)로 암나무와 수나무가 각각 다른 나무이지만 암나무의 꽃과 수나무의 꽃이 구분하기 어려울 만큼 닮았다.

늦은 봄, 새 가지 위로 피어나는 하얀 꽃은 초록빛 잎 위에 소복이 내린 눈처럼 포근하고 환상적인 풍경을 만드는데 꽃이 절정에 이르면 나무 전체가 순백으로 덮여 마치 세상을 하얀 눈으로 뒤덮은 듯한 장관을 연출한다. 이 모습 때문에 서양에서는 '눈꽃나무

(Snow Flower)'라는 아름다운 별칭을 얻었으며 사람들은 눈길 닿는 곳마다 펼쳐지는 순백의 향연 앞에서 잠시 숨을 멈추고 감탄하곤 한다.

이팝나무라는 이름의 유래

이팝나무라는 이름에는 여러 가지 이야기가 전해 내려온다. 첫 번째 이야기는 꽃이 피었을 때의 모습에서 비롯되는데 새하얀 꽃이 수북이 핀 모습을 보고 마치 하얀 쌀밥을 올려놓은 듯하다 하여 '이밥나무'라 불렀고 시간이 지나면서 '이팝나무'라는 이름으로 자리 잡았다는 것이다. 옛날에는 쌀밥이 귀한 음식이었기에 풍성하게 핀 꽃은 자연스럽게 풍요와 희망을 상징했으며 꽃이 가득 핀 나무를 바라보면 마치 한 그릇의 귀한 쌀밥이 풍성히 담긴 것처럼 마음까지 따뜻해지는 느낌을 준다.

또 다른 이야기는 '이밥'을 '이 씨가 준 밥'으로 해석하는데 조선을 세운 태조 이성계가 새로운 왕으로서 백성들의 동요를 달래고자 쌀을 나누어주었다는 이야기에서 비롯된 것으로 사람들은 그 쌀로 지은 밥을 '이 씨가 준 밥' 즉 '이밥'이라 불렀으며 그 이미지가 꽃과 겹쳐 이름 속에도 역사적 의미와 백성들의 감사와 염원이 담기게 되었다는 이야기다.

세 번째 이야기는 꽃이 피는 시기와 관련되는데 이팝나무 꽃이 피는 시기가 24절기 중 입하(立夏), 즉 5월 초순과 겹쳐 '입하목'이라 불렸는데 세월이 흐르면서 발음이 변하고 사람들의 입을 거쳐 '이팝나무'로 굳어졌다는 이야기다.

이외에도 이팝나무 꽃이 풍성히 피면 그해 벼농사가 잘되어 풍년이 든다는 믿음도 전해진다. 이렇듯 이름 하나에도 사람들의 바람과 희망, 자연과 삶이 함께 녹아 있다. 하얀 꽃을 바라보는 순간 우리는 단순히 나무의 이름만 보는 것이 아니라 그 속에 담긴 풍요와 염원, 그리고 사람들의 따뜻한 마음까지 함께 느낄 수 있다.

슬픔이 꽃으로 피어난 전설

이팝나무에는 슬픈 전설이 전해진다. 옛날 경상도의 한 가난한 집에서 자란 착한 여인이 열여섯 어린 나이에 시집을 오게 되었고 시어머니의 구박 속에서도 묵묵히 순종하며 살아가던 며느리는 어느 날 시어머니가 내주는 쌀로 제삿밥을 짓게 된다.

하지만 가난한 친정에서 자란 그녀는 한 번도 쌀밥을 지어본 적이 없었기에 어떻게 쌀을 씻고 물을 맞춰야 하는지도 알지 못해 애를 먹었고, 밥이 제대로 지어졌는지 확인하려고 조심스럽게 밥알 몇 알을 집어 먹어보는 순간, 부엌 문틈 너머로 이 모습을 본 시어머니는 제삿밥을 몰래 먹었다며 그녀를 몰아세웠고 며칠을 모진 꾸지람과 학대를 견디던 며느리는 결국 뒷산으로 올라가 스스로 목숨을 끊고 만다. 이듬해 그녀의 무덤 위에서 자라난 낯선 나무 한 그루. 그리고 그 나무에 핀 하얀 꽃은 쌀밥처럼 보였다 하여 마을 사람들은 '이밥에 한 맺힌 며느리의 혼이 피워낸 꽃'이라며 그 나무를 이팝나무라 부르게 되었다고 한다.

마음 따뜻해지는 효자의 이야기

이팝나무에는 꽃만큼이나 마음을 환하게 밝히는 훈훈한 전설이 전해진다.

옛날 어느 마을에 가난하지만 마음만은 곧은 한 선비가 병든 어머니를 모시고 살고 있었는데 하루하루 끼니를 잇는 것조차 쉽지 않았던 살림살이였지만, 선비는 불평 한마디 없이 어머니 곁을 지키며 정성을 다했다.

어느 날, 오랫동안 병석에 누워 있던 어머니가 조용히 말을 꺼냈다.

"얘야, 오늘은 하얀 쌀밥이 한 번 먹고 싶구나."

그 말은 소박했지만, 아들의 가슴에는 무겁게 내려앉았다. 쌀독을 열어 보니 바닥이 훤히 보일 만큼 쌀이 얼마 남지 않았기 때문이다. 아들은 어머니를 실망시킬 수 없어 한참을 마당에 서서 깊은 생각에 잠겼다.

그때 그의 눈에 마당 한켠에 흐드러지게 핀 이팝나무가 들어왔다. 마치 쌀밥처럼 희고 고운 꽃들이 햇살 아래 반짝이고 있었다. 아들은 조심스레 그 꽃들을 따서 자신의 밥그릇에 수북이 담았다. 그리고 정성껏 상을 차려 드렸고 어머니는 그릇을 바라보다가 환하게 웃으며 말씀하셨다.

"그래, 참으로 하얗고 먹음직한 쌀밥이구나."

어머니는 오랜만에 만난 흰 쌀밥인 양 천천히, 감사한 마음으로 식사를 하셨고, 아들은 그 모습을 바라보며 말없이 미소를 지었다.

마침 그 광경을 우연히 지나던 임금이 보게 되었다. 겉모습은 초라했지만 그 안에 담긴 효심과 지혜에 깊이 감동한 임금은 선비를 불러 크게 칭찬하고 후한 상을 내렸다고 전해진다.

사람 냄새 나는 꽃

이팝나무는 단순히 하얀 꽃을 피우는 나무가 아니다. 그 꽃에는 그리움과 정성, 슬픔과 효심이 모두 담겨 있다. 옛날 먹을 것이 귀하던 시절 하얀 쌀밥은 단순한 음식이 아니라 희망이자 사랑이었고 사람들의 염원이 꽃으로 피어난 것이 바로 이팝나무일지도 모른다.

봄날 이팝나무 아래를 지날 때 눈앞의 순백의 꽃만 바라보는 것이 아니라 그 속에 숨은 사람들의 이야기와 마음까지 함께 떠올려 보자. 그 이야기 속에는 사랑과 희생, 슬픔과 기쁨이 섞여 있어 꽃보다 더 따뜻하고 풍성한 봄의 풍경을 경험할 수 있을 것이다.

배롱나무

3. 여름
배롱나무,
끝없이 타오르는
열정

여름을 불태우는 화려한 정열

배롱나무는 부처꽃과에 속하는 비교적 키가 크지 않은 나무로 우리나라 남부 지방에서 흔히 볼 수 있는데 최근에는 추위를 견디는 품종이 개발되면서 서울 등지에서도 쉽게 만날 수 있게 되었다. 나무의 특징 중 하나는 얇게 벗겨지는 수피, 즉 나무의 껍질로

갈색 바탕에 흰색 무늬가 섞여 있어 매끄럽고 아름다운 질감을 보여준다. 여름부터 가을까지 가지 끝마다 피어나는 홍자색 꽃은 약 100일간 끊임없이 피고 지기를 반복하며 긴 여름

내내 화려함을 선사하는데 꽃이 바람에 날리면 붉은 물결이 하늘과 땅을 물들이듯 환상적인 풍경을 만들어낸다.

백 일 동안 꽃이 피고 지는 모습 때문에 '목백일홍(木百日紅)'이라는 이름으로도 불리며 일년생 초본류인 백일홍과는 전혀 다른 식물이다. 배롱나무를 바라보면 여름의 뜨거운 열기와 삶의 열정이 한껏 느껴진다. 짧지 않은 백 일 동안 쉬지 않고 피어나는 꽃은 마치 삶 속에서 끝없이 타오르는 인간의 열정을 닮아있다.

이름들에 얽힌 재미있는 이야기

배롱나무는 이름만 들어도 호기심을 불러일으키는데 원래 이 나무는 꽃이 백 일 동안 피고 진다고 해서 '목백일홍(木百日紅)'이라 불렀고 시간이 흐르면서 발음이 변해 '배기롱나무'로, 다시 오늘날처럼 '배롱나무'라는 이름으로 자리 잡았다.

또한 배롱나무는 얇은 껍질이 계속 벗겨지면서 줄기 표면이 매끈하고 미끄러운 특징이 있는데 나무의 밑둥을 살짝 건드리면 나무가 흔들린다는 속설이 전해져 '부끄럼나무' 또는 '간지럼나무'라

배롱나무 수피

배롱나무 열매

불리기도 하며 한자로는 파양수(怕揚樹), 즉 '부끄러움을 타는 나무'라는 이름도 가지고 있다.

해외에서도 배롱나무의 독특한 특징에 따라 각기 다른 이름으로 불리고 있는데 일본에서는 줄기가 너무 미끄러워 원숭이조차 오르지 못한다고 하여 '원숭이 미끄럼나무'라고 부른다고 하며, 중국에서는 당나라의 자미성(紫微城)에서 흔히 볼 수 있었다 하여 '자미화(紫薇花)'라 부르고 있는데 우리나라의 고서에도 '자미' 또는 '자미화'라는 이름으로 배롱나무가 등장하곤 한다.

이처럼 한 나무가 가진 여러 이름 속에는 나무의 생김새와 성격, 주변 사람들의 관찰과 상상, 그리고 동아시아 문화권의 이야기들이 함께 담겨 있어 배롱나무를 바라볼 때 단순한 나무가 아니라 역사와 문화 사람들의 감각과 상상까지 피어난 존재임을 느낄 수 있다.

화무십일홍이 무색한 나무

짧고 덧없는 아름다움을 이야기할 때 종종 인용되는 속담이 있는데 바로 화무십일홍이다. '화무십일홍(花無十日紅)'은 '붉은 꽃은 열흘을 넘기지 못한다'라는 뜻으로, 권세나 아름다움이 오래가지 못함을 비유할 때 쓰인다. 그런데 이 말과는 정반대로 배롱나무는 백 일 동안이나 꽃을 피우는 놀라운 특징을 가지고 있다. 그 비밀은 꽃이 피는 방식에 있다.

배롱나무의 가지는 봄에 자란 아랫부분부터 차례로 꽃을 피우고 지는 과정을 반복하며 동시에 가지 끝은 계속 성장하여 새로운 꽃을 피운다. 그 결과 하나의 가지 위에서 꽃과 꽃씨가 동시에 공존하는 신기한 풍경이 펼쳐진다. 마치 시간이 느리게 흐르는 듯 긴 여름 동안 꽃이 지지 않는 듯한 착각을 일으키며 보는 이에게 오래도록 눈부신 장관을 선사한다. 배롱나무는 '화무십일홍'이라는 말이 무색해질 정도로 꽃의 생명력과 여름의 열정이 한껏 느껴지는 나무다.

옥구슬 울음소리의 명옥헌

전라남도 담양에는 조선시대 정자 문화를 대표하는 유산, 명옥헌 원림이 자리하고 있다. 이곳은 여름마다 배롱나무의 성지라 불릴 정도로 장관을 이루는데 늦여름 명옥헌을 찾으면 수줍은 분홍빛 꽃비가 방문객을 반긴다.

명옥헌이라는 이름은 '옥구슬 울음소리처럼 맑고 고운 계곡 물소리'에서 비롯되었다고 하는데 정자 앞 연못 위에 떨어진 배롱나무 꽃잎은 물결 위에서 살짝살짝 춤을 추듯 흘러간다. 이 모습을 본 어떤 이는 "배롱나무는 세 번 꽃을 피운다. 첫 번째는 나무에서 피고, 두 번째는 연못 수면 위에 피며, 세 번째는 그 감흥을 못 잊어 가슴속에 핀다."라는 재미있는 명언을 남겼다.

명옥헌의 풍경은 영화와 드라마 촬영지로도 유명하며 필자 역시 전통 조경 답사를 위해 남쪽 지방을 방문할 때마다 그 감동을 잊지 못해 다섯 번이나 찾았던 곳이다.

이 외에도 담양은 예부터 가사 문학의 중심지로 소쇄원, 식영정, 환벽당, 면앙정, 송강정 등 수많은 정자와 원림이 자리하고 있다. 여름에서 가을로 넘어가는 계절에 이곳을 여행할 때마다 배롱나무는 붉고 화려한 자태로 손님을 맞이하며 꽃과 물, 정자의 조화 속에서 오래도록 마음에 남는 여운을 선사한다.

배롱나무가 전하는 슬픈 사랑 이야기

옛날 바닷가 마을에는 세 개의 목을 가진 이무기가 나타나 사람들을 괴롭혔고 마을 사람들은 이를 달래기 위해 매년 처녀 한 명을 제물로 바쳤다. 어느 해, 한 처녀가 제물로 바쳐질 운명이 되자 한 용감한 사내가 나타나 "처녀를 대신해 내가 괴물과 맞서 싸우겠습니다."라면서 처녀로 가장해 괴물을 기다렸다가 칼을 휘둘러 목 하나를 베어냈지만, 죽이지는 못하고 결국 이무기는 도망치게 된다.

사내는 처녀에게 "괴물을 완전히 물리치고 돌아와 결혼해 주시오. 만약 괴물을 죽이는 데 성공하면 흰 깃발을, 실패하면 붉은 깃발을 달고 돌아오겠소."라는 약속을 하고 괴물을 찾아 떠나게 된다. 사내가 떠난 지 100일째 되던 날 멀리서 사내가 타고 간 배가 보였는데 깃발이 붉은색이었다. 처녀는 사내가 죽었다고 믿고 슬픔 속에 스스로 생을 마감하고 마는데 사실 붉은 깃발은 괴물의 피가 물든 것뿐, 사내는 살아 있었다. 돌아온 사내는 슬퍼하며 처녀를 양지바른 곳에 묻어 주었다. 이듬해 그녀의 무덤 주변에서 나무 하나가 자라나 선명한 붉은 꽃이 피어났는데 마을 사람들은 처녀의 안타까운 넋이 꽃으로 환생했다고 하여 '백일홍'이라 불렀다고 한다.

여름을 붉게 물들이는 기다림

배롱나무는 정열과 기다림, 덧없음과 끈질김, 아픔과 아름다움을 함께 품은 나무로 한여름의 무더위가 기승을 부릴수록 오히려 더 또렷한 빛으로, 잎보다도 선명한 붉은 꽃을 피워 올리며 우리 곁에 서 있다. 그 모습은 잠깐 스쳐 가는 풍경이 아니라, 계절 한가운데에 놓인 한 편의 시처럼 오래도록 마음에 머문다.

배롱나무의 꽃 한 송이는 단순한 장식이 아니라 기다림 끝에 피어난 마음의 색이며, 삶 속에서 겪어온 사랑과 인내, 흔들림과 견딤을 닮은 자연의 언어다. 수많은 날을 견뎌낸 뒤에야 비로소 붉게 타오르는 그 꽃에는 시간의 무게와 계절의 숨결이 고스란히 담겨 있다.

무더위 속에서도 묵묵히 피어나는 배롱나무를 바라보며, 우리는 저마다의 삶 속에서 품어온 기다림과 사랑, 그리고 쉽게 꺼지지 않는 열정을 다시 한 번 조용히 떠올리게 된다.

자귀나무 꽃
자귀나무 잎

4. 여름
자귀나무,
서로 안아주는
나무

공작새의 춤을 닮은 여름의 환상

녹음이 절정에 이르는 6월, 자귀나무는 여름의 시작을 소란스럽지 않은 방식으로, 그러나 누구보다 화려하게 연다. 콩과의 나무인 자귀나무는 가지가 길게 옆으로 퍼지며 자라기 때문에 멀리서 바라보면 마치 공중에 걸린 부드러운 역삼각형의 우산처럼 보이는데 '서로를 눕히고 서로를 덮어주는 나무'라는 별칭이 어울리는 나무다.

초여름이 되면 가지 끝마다 분홍빛 수술들이 부챗살처럼, 혹은 폭죽처럼 환하게 피어나는데 우리가 꽃잎이라 부르는 이 부드러운 분홍빛은 사실 퇴화한 꽃잎 대신 길게 발달한 수술이다. 수술의 아래쪽은 옅은 흰빛으로 시작해 점차 은은한 장밋빛을 띠고 끝으로 갈수록 초저녁 노을처럼 서서히 붉어지며 깊어지는데 수술들이 일정하게 서 있는 것이 아니라 사방으로 퍼져 있기에 부드럽게 공중을 스치며 피어오르는 순간 정원에는 바람이 없어도 '꽃이 스스로 춤을 추는' 장면이 펼쳐진다. 자귀나무의 개화는 단지 꽃이 피는 순간이 아니라 하나의 장면이 되고 하나의 기억으로 사람들의 마음속에 오래 남는다.

낮에는 펼치고 밤에는 포개는 잎의 언어

자귀나무는 부부의 금술을 상징하는 나무인데 이유는 잎의 움직임에서 드러난다. 해가 높이 떠 있는 낮에는 쌀알처럼 가늘고 길쭉한 잎들이 수십 쌍씩 모여 시원하게 펼쳐져 있다가 해가 기울고 어둠이 내려앉으면 어느새 잎과 잎이 마주 닿으며 조용히 포개진다. 누가 시켜서도 아닌데 마치 매일 저녁 같은 사람을 향해 마음을 다시 열어 보이듯 자연스러운 동작이다. 식물학에서는 이런 움직임을 '수면운동'이라 부르지만, 사람들은 그보다 훨씬 오래전부터 더 따뜻한 이름을 붙여주었는데 서로 환하게 웃으며 마음을 맞대는 나무라 하여 '합환수(合歡樹)'라 불렀고, 해가 진 뒤 비로소 음양이 하나가 된다는 뜻에서 '야합수(夜合樹)' 또는 '음양합일목(陰陽合日木)'이라 불렀다. 낮이 되어야 비로

소 포옹을 풀고 일상으로 돌아가는 나무로 매일 밤 사랑의 리듬을 되새기는 나무였던 것이다.

겨울밤의 자귀나무 또한 정겨운 나무로 콩깍지처럼 길게 마른 열매가 바람에 흔들리면 왁자지껄한 여인들의 수다 같다고 하여 '여설수(女舌樹)'라 불렸고 자귀나무라는 이름은 전통 목공의 연장인 '자귀'의 손잡이로 쓰이거나 귀신을 막는 '잠자귀'에서 이름이 왔다는 설도 전해진다. 자귀나무는 언제나 인간의 삶과 감정에 기대어 불려온 나무로 꽃보다 더 오래 마음속에 남는 나무가 되고 있다.

자연이 알려주는 농사의 타이밍

옛사람들에게 자연은 말없이 시기를 알려주는 달력이자 농사의 스승이었다. 자귀나무 역시 단지 아름다운 나무가 아니라 '시간을 예고하는 생명 시계'로 여겨졌다고 한다.

"자귀나무 움이 트면 곡식을 파종하고, 첫째 꽃이 피면 팥을 심어라."라는 말이 있다. 이 말에는 감각으로 자연을 읽던 시대의 지혜가 고스란히 담겨 있는데 자귀나무의 싹이 오르는 순간은 늦서리를 넘기고 땅의 기운이 충분히 올라온 시점이므로 파종하기에 가장 안전한 때였고 꽃이 막 피기 시작하는 6월은 팥을 심어도 여름의 장마로 훼손되지 않을 적절한 시기였던 것이다. 이렇게 자귀나무는 시계를 들여다보거나 일기예보를 확인하지 않아도 삶의 타이밍을 맞출 수 있게 해주었고 오랜 세월 농부들의 마음속에서 가장 정확한 자연의 달력이 되어주었다.

자귀나무에 얽힌 전설

옛날 어느 마을에 혼기를 놓친 총각이 살고 있었는데 어느 여름날 꽃이 만개한 어느 집 앞을 지나던 그는 꽃에 매료되어 마당 안으로 발걸음을 들였다. 바로 그때 부엌문이 열리며 한 여인이 나타났고 두 사람은 마주 보는 순간 서로의 운명을 알아보듯 한눈에 사랑에 빠졌다. 총각은 머뭇거림도 없이 자귀나무의 꽃 한 송이를 꺾어 청혼했고 두 사람은 부부가 되어 한동안 누구보다 다정한 나날을 보냈다.

하지만 시간이 흐르자 서로를 향한 마음은 점차 무뎌지고 사소한 말 한마디에도 다툼이 잦아졌으며 급기야 남편은 장터 술집 여인에게 마음을 빼앗겨 집에 돌아오지 않게 되었다.

절망한 아내는 마침내 남편의 마음을 되돌리기 위해 백일기도에 들어갔고 백 일째 되던 밤 꿈속에 산신령이 나타나 말했다. "언덕 위에 피어 있는 꽃을 꺾어 방 안에 꽂아두어라." 그녀는 이 말을 그대로 따랐고 며칠 후 돌아온 남편은 방 안에 가득 피어 있는 분홍빛 꽃을 보는 순간 그 여름날 처음 마주했던 순간이 그대로 되살아났고 잊고 있던 설렘과 애틋함이 다시 심장 깊은 곳에서 피어올랐다. 그날 이후 두 사람은 신혼처럼 금술 좋은 부부로 남았다고 하는데 그때 방 안에 꽂혀 있던 꽃이 바로 자귀나무의 꽃이었다.

이 전설로 인해 자귀나무는 오래전부터 '떨어진 마음도 다시 이어주는 나무'로 여겨지며 집 안에 심거나 꽃을 말려 베개에 넣으면 부부 사이가 더욱 돈독해진다는 믿음이 전해 내려온다.

하루의 끝에서 무엇으로 서로를 맞이하는가

낮 동안에는 잎을 활짝 펼쳐 세상을 향해 마음을 열고, 밤이 오면 소리 없이 감기며 가장 가까운 존재를 향해 서서히 돌아가는 자귀나무의 잎을 바라보고 있으면 문득 삶의 태도 하나를 떠올리게 된다. 소리 높여 다투지 않아도, 서둘러 무엇을 증명하려 애쓰지 않아도, 해가 지고 어둠이 내려앉는 순간 자연스레 서로를 향해 포개어지는 관계 말이다.

자귀나무는 낮의 분주함을 내려놓고 하루의 끝에서 가장 편안한 자리로 돌아가는 법을 알고 있는 듯하다. 그 모습은 사랑이란 늘 말로 확인해야 할 약속이 아니라, 매일 저녁 같은 방향으로 몸을 기울이며 다시 마주하는 마음임을 보여준다. 자귀나무는 우리에게 속삭이듯 말한다. 사랑이란 거창한 선언이 아니라, 하루를 살아낸 뒤 조용히 "그래도 나는 너에게로 돌아온다"라고 반복하는, 오래된 습관 같은 것이라고.

국화

5. 가을 국화, 기다림의 미학

기다림 속에 피어나는 국화

가을 하늘이 투명하게 높아지고 아침저녁으로 서늘한 기운이 감돌기 시작하면 어김없이 계절의 문을 두드리며 등장하는 꽃이 있는데 바로 국화다.

국화는 중국이 원산인 국화과의 여러해살이 풀로 오랜 세월 사람과 함께 살아온 만큼 품종의 종류가 실로 다양하다. 크기만 해도 지름 20㎝가 넘는 대형 국화부터 손톱만 한 소국까지 존재하며 색과 향의 스펙트럼 또한 한없이 넓다. 풍부한 향기와 기품 있는 자태 덕분에 정원, 화단, 화분은 물론 제사상과 조의의 상징으로까지 폭넓게 쓰여왔으며 감상용을 넘어 국화차, 국화주, 화전 등 식용으로도 활용되고 있는 등 눈으로 보고, 향으로 맡고, 입으로까지 즐

다양한 색의 국화

길 수 있는 꽃은 그리 많지 않을 것이다.

　그래서 사람들은 국화를 단순한 꽃이 아니라 하나의 '태도'로 기억해 왔는데 화려한 여름꽃들이 저물어갈 때 고요하게 피어나고 찬바람이 부는 시기에 가장 깊고 담백한 향을 내는 국화를 바라보며 옛사람들은 '지조와 절개'를 떠올렸고 조선시대 선비들은 사군자(四君子) 중 하나로 예찬하며 그림과 시어 속에 담아냈다. 국화는 그렇게 오래도록 '소리 없이 그러나 가장 늦게 피어 가장 오래 머

사군자

무는 꽃'으로 남았다.

국화의 생존전략

고고하고 청아한 국화도 사실은 치밀한 생존전략을 지닌 식물이다. 국화는 하루 중 어둠이 일정 시간 이상 지속되어야만 꽃눈이 형성되고 비로소 꽃을 피울 수 있는 단일식물(短日植物)로 자연스럽게 해가 짧아지는 가을이 되어야 꽃을 피운다. 계절의 변화, 빛의 길이, 온도의 미묘한 차이를 정밀하게 읽어내며 가장 유리한 순간을 기다리는 국화는 마치 '침묵 속에서도 때를 아는 현자'와 같다.

가을은 곤충의 활동이 줄어드는 시기이지만 국화는 이에 굴하지 않고 강렬한 색과 진한 향기를 내뿜는다. 여름과 봄에는 수많은 꽃들이 벌과 나비의 시선을 끌지만 가을의 국화는 경쟁이 적어 오히려 더욱 눈부시게 존재감을 드러내는데 가늘고 길게 갈라진 꽃잎은 곤충에게 "여기 꿀이 있어요."라고 섬세하게 속삭인다.

또한 국화는 삽목(꺾꽂이)을 통해 번식력이 뛰어나 뿌리 없이 줄기와 가지만으로 새로운 생명을 이어갈 수 있다. 혹독한 환경 속에서도 유전자를 안정적으로 복제하며 퍼져가는 이 능력은 눈에 띄지 않지만, 확실히 자신만의 생존법을 지켜내는 국화만의 은근한 전략이다. 그래서 국화는 단순한 '가을꽃'이 아니라 기다림과 인내, 세밀한 관찰과 조용한 생존의 미학을 몸으로 보여주는 꽃이라고 할 수 있다.

봄이나 여름에도 국화가 피는 이유

간혹 사람들은 "국화는 가을꽃 아닌가요? 왜 지금 피어 있죠?"라고 의아해하면서 질문하는 경우가 있는데 사실 봄이나 여름에 피어난 국화는 자연이 아닌 인간의 손길이 만든 특별한 결과다. 국화는 앞서 설명한 것처럼 낮이 짧고 밤이 길어지는 시기에 꽃눈을 틔우는 습성을 지녔는데 이 자연의 리듬을 조금만 조절하면 우리가 원하는 시기에 맞춰 꽃을 피워낸다. 이를 위해 농부들은 두 가지 방법

을 쓴다.

햇빛을 일부러 가려 밤의 시간을 길게 만들어 꽃이 빨리 피도록 하는 차광재배 방식이 있고 반대로 밤에도 인공조명을 켜 낮의 시간을 늘려 꽃 피는 시기를 늦추는 전조재배 방식이 있다.

이처럼 국화는 인간과 환경의 조율 속에서 자유로이 계절을 넘나들며 꽃을 피우는 것으로 계절에 따라 저절로 피어나던 꽃이 이제는 인간의 욕구를 통해 사계절 내내 우리의 곁을 밝히는 존재가 된 것이다. 국화는 그렇게 자연의 법칙과 인간의 지혜가 맞닿은 곳에서 한 송이 한 송이 의미를 더해 피어나는 꽃이 되었다.

가을의 기운을 마시다, 국화술과 국화차

예로부터 사람들은 국화를 먹고 마시며 건강을 챙겼다. 대표적인 것이 '국화주'다. 음력 9월 9일 중양절에는 국화를 따서 술을 담그고 무병장수와 건강을 기원했다. 중국에서 시작되어 조선에도 전해진 이 풍속은 문헌 속에서 국화주를 제사상에 올리거나 시와 함께 즐겼다는 기록으로 남아 있다. 국화주와 국화차는 향기와 효능을 담은 약주로 몸의 열을 내리고 간을 보호하며 머리를 맑게 한다고 전해진다. 국화주 한 잔은 선비들에게 '절제와 사색'의 도구였다. 함께 즐긴 국화차도 은은한 향과 함께 눈의 피로, 두통, 감기 증상 완화에 도움을 주는 약차로 사랑받았는데 『동의보감』에도 국화가 '간을 맑히고 눈을 밝게 하며 머리를 시원하게 한다'라고 기록되어 있고 동아시아 문화권에서 오래도록 국화는 불로장

생과 절개의 상징으로 여겨졌다.

오늘날 국화는 꽃차, 티백, 음료, 디저트 등 다양한 형태로 우리의 식탁에 오르고 있다. 한여름 화려한 꽃들이 사라진 뒤 피어나는 국화는 서두르지 않고 때를 기다리는 지혜를 전한다. 국화는 늘 속삭인다. "서두르지 말라. 기다릴 줄 아는 자가 가장 아름답다."

국화와 시의 속삭임

국화(菊花)야 너는 어이 삼월동풍(三月東風) 다 지내고
낙목한천(落木寒天)에 네 홀로 퓌였는다
아마도 오상고절(傲霜高節)은 너뿐인가 하노라

이정보(李鼎輔)의 시조 속에서 국화는 화사한 봄을 뒤로하고 모두가 떠난 계절에 홀로 피어나는 꽃으로 따뜻한 바람이 지나간 뒤, 낙엽만 뒹구는 차가운 하늘 아래에서 국화는 오히려 자신의 시간을 선택하듯 조용히 꽃을 틔운다. 그것은 세상과 겨루려는 도전이 아니라, 스스로의 리듬을 지키려는 침묵의 결단에 가깝다.

서리를 거스르며 피어난다는 '오상고절'은 단순한 고고함이 아니라, 흔들리지 않는 마음의 자세를 뜻한다. 빠르지도 요란하지도 않게, 다만 끝까지 자신의 자리를 지키며 피어 있는 존재다. 그래서 국화 앞에 서면 우리는 자연스레 묻게 된다. 모두가 같은 방향으로 서두를 때, 나는 과연 나만의 계절을 견디고 있는가.

가을의 끝자락에서 피어나는 국화는 말없이 속삭인다. 화려함보다 깊이를, 박수보다 중심을 택하라고. 세상이 차가워질수록 더욱 향기를 품는 국화처럼, 삶의 시련 속에서도 스스로의 절개를 지켜낼 때 비로소 인간 또한 한 송이의 시가 될 수 있음을.

단풍나무

6. 가을
단풍나무,
다음을 기약하는
아름다운 이별

찬란한 생의 마지막, 버림으로 완성된 전략

'가을은 이별의 계절'이라는 말처럼 생의 마지막 순간을 가장 아름답게 장식하며 작별을 고하는 나무가 있으니 바로 단풍나무다.

단풍나무는 무환자나무과에 속하는 큰 키의 나무로 넓고 부드러운 잎이 손가락처럼 5~7갈래로 갈라져 있으며 봄부터 여름 내내 쉼 없이 햇빛을 받아 에너지를 저장하던 잎들은 가을이 되면 서서히 붉은빛으로 타오르기 시작한다. 마치 이별을 앞둔 연인이 마지막 순간에 진심을 다해 고백하듯 단풍의 붉은 물결은 아름다움과 쓸쓸함을 동시에 품고 있다. 하지만 이 화려한 빛깔은 단순한 장식이 아니다. 단풍나무는 겨울이라는 혹독한 시간을 견디기 위해 스스로 잎을 떨어뜨리는 '버림의 전략'을 선택하는 것으로 더

이상 자신을 지탱하지 못할 짐을 내려놓음으로써 오히려 생명을 지키는 길을 택하는 것이다. 이처럼 단풍의 이별은 끝이 아니라 다음 계절을 향한 준비로 가장 지혜로운 생존의 시작이다.

단풍의 원리와 색의 비밀

가을의 문턱에 들어서면 나무는 누구보다 먼저 계절의 변화를 감지하는데 바람의 느낌과 햇빛의 길이를 읽어내며 조용히 자신의 속도를 늦춘다. 땅으로부터 올라오는 수분과 영양분의 흐름을 서서히 줄이고 잎과 줄기 사이에 떨어질 준비를 위한 얇은 '떨켜층'이라는 경계를 만든다. 필요 없는 것을 미련 없이 내려놓아야 혹독한 겨울을 건널 수 있음을 알고있는 긴 세월의 지혜다. 동시에 잎의 엽록소가 조금씩 없어지며 생명을 푸르게 채우던 녹색이 조용히 사라져, 갈수록 그 아래 오래 숨어 있던 다른 색들이 세상 밖으로 모습을 드러낸다. 해를 머금은 듯 깊고 따스한 노랑색 계열은 '카로티노이드'라는 색소에서, 서늘한 공기 속에서 당분이 응축되며 살아나는 붉은빛 계열은 '안토시아닌'이라는 색소에서 비롯된다.

단풍은 생명이 사라지기 직전의 마지막 불꽃으로 시간과 대화하며 완성하는 존재의 결말로서 단순한 색의 변화가 아니라 "나는 충분히 살았다."라고 말을 남기는 한 폭의 자서전이다. 한철 피었다 사라지기에 더 아름다운 순간. 바로 그 찰나의 절정이 '단풍'인 것이다.

단풍나무의 다양한 얼굴들

단풍나무들은 모두 '단풍'이라는 이름 아래 묶여 있지만 자세히 들여다보면 각기 다른 얼굴과 이야기를 지니고 있다. 우리가 길가에서 흔히 만나는 단풍나무와 당단풍은 얼핏 보면 매우 비슷하지만 가까이 다가가 잎을 세어보면 미묘한 차이를 보인다.

단풍나무는 보통 잎이 5~7개 갈래로 나뉘지만, 당단풍은 9~11개로 더 깊고 더 섬세하게 갈라져 있어 마치 정교한 조각품처럼 한층 섬세하고 화려한 가을빛을 만들어낸다.

잎이 세 갈래로 나뉘는 단풍나무들은 복자기단풍, 신단풍, 중국단풍이 있는데 이들은 단풍나무 속에서도 특히 개성이 뚜렷한 친구들이다. 복자기단풍은 단풍나무 가운데 가장 아름다운 잎을 지녔다고 평가받는 나무로 한 개의 잎자루에서 세 개의 잎이 달리고 타원형에 가까운 잎은 끝이 뾰족하며 잔잔한 톱니가 장식처럼 둘레를 따라 흐른다.

신단풍은 그 이름처럼 잎을 맛보면 실제로 새콤한 신맛이 나는

독특한 성질을 지녔으며 잎은 세모진 타원형이나 달걀 모양이고 가장자리는 자유분방한 리듬의 톱니로 장식되어 있다.

중국단풍은 잎 모양이 세 개의 뿔처럼 보여 '세뿔단풍' 또는 '삼각단풍'이라고도 불리는데 이름처럼 형상이 간결하면서도 힘이 있어 조형적인 아름다움으로 사랑받는다. 이처럼 단풍나무들은 저마다의 얼굴로 계절을 노래하는 존재다. 어쩌면 우리는 단풍을 볼 때 색깔만이 아니라 그 속에 숨어 있는 다양한 생명의 개성과 이야기를 함께 바라보고 있는지도 모른다.

사라지는 단풍들

가을이면 어김없이 산과 들을 물들이는 단풍은 예로부터 한국

의 가을을 대표하는 풍경이자 많은 이들의 마음속에 깊은 감흥을 남겨온 자연의 선물이었다. 일교차가 크고 공기가 맑은 계절에 가장 고운 빛으로 물드는 단풍은 눈으로는 아름다움을, 마음으로는 깊은 사색을 선사하며 머리를 맑게 하고 감정을 정돈하게 하는 자연의 치유이기도 하다. 그래서 매년 가을이면 아름다운 단풍을 찾아 한국을 방문하는 외국인 관광객들까지 생겨났을 정도다. 하지만 요즘 그 아름다운 풍경이 점점 낯설어지고 있다. 지구온난화로 인해 우리나라의 평균 기온이 계속 상승하면서 단풍이 드는 시기가 늦어지고 심지어 단풍 자체가 옅어지거나 제대로 물들지 못하는 현상도 나타나고 있다. 더 큰 문제는 낙엽 활엽수가 점점 줄어들고 대신 남쪽 지방에서나 자라던 아열대성 상록수들이 북상하고 있다는 사실이다. 지금과 같은 변화가 이어진다면 언젠가는 우리나라의 가을 풍경에서 단풍이 사라질 수도 있다는 우려가 현실적인 경고로 다가온다.

만약 단풍이 사라진다면 우리의 가을은 과연 어떤 얼굴을 하게 될까? 그리고 그 빈자리는 무엇으로 채우게 될까? 아름다운 계절의 끝자락에서 문득 마음 한켠이 씁쓸해진다.

자연이 보내는 마지막 작별 인사

단풍잎이 한 장씩 땅으로 내려앉을 때 우리는 비로소 계절의 끝을 실감한다. 낙엽 위를 스치는 발끝에 들리는 바스락거림은 단순한 마찰음이 아니라 생을 다한 잎들이 남기는 마지막 숨결이자 긴 계절을 살아낸 나무의 고요한 고백처럼 들린다. 우리는 흔히 붙잡는 것을 삶의 본능이라 믿지만 식물은 버림으로 생존을 준비하는 법을 보여준다. 단풍나무는 생의 절정에서 화려함을 불태우고 담담히 내려놓음을 택하며 '이별 또한 하나의 아름다움이 될 수 있다'라는 메시지를 전한다. 곧 겨울이 오면 앙상해진 가지 위로 눈이 소복이 내려앉겠지만 그 차가운 침묵 속에서 이미 봄을 기다리는 새순의 기운이 움트고 있다. 그래서 단풍은 끝이 아니라 다음 계절을 향한 가장 뜨겁고도 품위 있는 작별 인사다.

자작나무

7. 겨울
자작나무,
비움으로
단단해지는 삶

순백의 몸으로 추위를 견디는 생명력

한겨울의 적막한 숲속 눈부신 흰빛 하나가 고요 속의 광휘처럼 서 있다. 마치 흰 적삼 하나만을 걸친 선비가 매서운 북풍 앞에서도 자세를 흐트러뜨리지 않은 채 깊은 침묵을 지키는 듯한 나무, 바로 자작나무다.

자작나무는 자작나무과의 키가 큰 나무로 대부분의 나무들이 갈색의 두터운 껍질로 몸을 감싸며 거친 겨울을 견디는 것과 달리 자작나무는 오히려 더 여린 듯 하얗고 단아한 몸으로 자신을 드러낸다. 우리나라에서는 주로 경기 이북과 강원도 고산지대에 무리 지어 자라고 있으며 자작나무 숲은 마치 눈꽃이 나무의 몸을 빌려 숲 전체를 새하얀 서사로 엮어놓은 듯한 장관을 만든다. 흰 수피에

자작나무 숲

자작나무 꽃

부딪힌 겨울 햇살은 반사되어 빛이 되는 순간 눈이 아니라 공기가 환하게 밝아지는 착시를 만든다. 그 풍경 앞에서 사람들은 말보다 숨을 먼저 멈춘다. 그 수려한 자태 덕분에 일부는 도시의 공원이나 조경수로 심기도 하지만 자작나무의 흰 껍질은 공해와 먼지에 쉽게 영향을 받기에 도심에서는 보기 어렵다. 깨끗한 환경에서만 빛나는 나무인 셈이다.

흰 껍질에 담긴 과학과 문화

자작나무 몸통의 눈부신 흰색 수피는 단순한 색이 아니라 혹독한 북방의 겨울 환경 속에서 살아남기 위해 진화한 자연의 지혜다. 눈이 많이 내리는 지역에서 강한 햇빛이 눈에 반사되어 나무에 닿으면 화상을 입을 수 있는데 자작나무의 흰 껍질은 이를 막는 자연의 방패인 셈이다. 또한 껍질은 매년 새로 생성되어 자라면서 안쪽에서 밀려 올라온 껍질이 바깥으로 벗겨지는데 마치 시간이 쌓인 종이처럼 얇고 부드러운 껍질이 겹겹이 쌓여 있어 한 겹씩 벗겨질 때마다 나무는 자신의 세월을 보여준다.

이 껍질을 불에 붙이면 '자작자작' 타는 소리가 나는데 바로 이 소리에서 자작나무라는 이름이 비롯되었다. 단순히 눈으로 보는 아름다움을 넘어 듣는 즐거움까지 선사하는 자연의 작은 선물인 셈이다. 자작나무는 우리의 문화 속에도 깊이 스며 있는데 옛날에 자작나무 껍질을 돌돌 말아 초 대신 사용하며 결혼식의 '화촉(樺燭)'을 밝히기도 했다고 하며 여기서 화(樺) 자가 바로 자작나무를 뜻한다. 이처럼 흰 껍질 하나에 담긴 과학과 문화, 자연과 인간의 이야기가 겹겹이 쌓인 특별한 존재로 우리 곁에 서 있는 것이다.

달콤한 선물과 단단한 속살

자작나무는 단아한 외모만큼이나 우리에게 특별한 선물을 안겨 주는데 그중 하나는 바로 달콤한 수액이다. 자작나무에서 얻은 수액은 무설탕 껌의 단맛을 내는 자일리톨의 원료가 되었고 오래전 핀란드에서는 이 나무에서 채취한 수액을 음용수처럼 마시며 달콤함과 생명력을 함께 음미했다고 전해진다. 우리나라에서도 이른 봄인 2~3월경 고로쇠 수액처럼 자작나무의 수액을 채취해 음

용수로 즐기는데 자연이 준 은은한 달콤함 속에는 겨울을 견뎌낸 나무의 생명력과 느긋한 시간이 그대로 담겨 있다.

또 하나의 선물은 단단한 속살로 목재로 유용하게 활용되었는데 재질이 치밀하고 견고하여 예로부터 농기구나 가구재로 활용되었으며 단단한 나무인 박달나무, 돌배나무 등과 함께 해인사 팔만대장경 제작에도 사용될 정도로 그 강인함과 실용성이 입증되었다고 한다. 겉은 순백으로 시선을 사로잡고 속은 단단하고 쓸모있는 자작나무는 달콤함과 단단함을 함께 지닌 삶의 지혜와 자연의 섬세함을 품은 특별한 나무다.

백색의 숲, 원대리 자작나무 숲 이야기

강원도 인제군 원대리에 자리한 자작나무 숲은 우리나라 자작나무 숲 가운데 가장 유명하다. 이 자작나무 숲은 과거 병충해로 소나무들이 쓰러진 자리에 1970년부터 사람의 손길로 70만 그루가 넘는 자작나무를 심어 조성하였다고 한다.

주차장에서 임도를 따라 걷다 보면 처음에는 울창한 침엽수림이 길을 감싸지만, 어느 순간 시야가 확 트이며 흰빛으로 가득 찬 숲이 나타난다. 자작나무의 수피가 햇살을 받아 은은하게 빛나는 그 장면은 마치 숲 전체가 반짝이는 백색 캔버스로 변한 듯한 느낌을 준다. 처음 이 장면을 마주한 사람들의 입에서 터지는 감탄사와 연신 셔터를 누르는 손길이 그 증거다. 필자 역시 이 숲의 매력에 이끌려 여러 번 찾았던 곳으로 여름철의 하얀 나무줄기가 만들어내는 시원한 풍경도 아름답지만, 겨울 눈 속에서 곧게 선 자작나무들을 바라보면 동화 속 한 장면에 들어온 듯한 착각이 든다.

고요함 속에서 흰 눈과 나무 그리고 햇살이 절묘하게 어우러지며 만들어내는 풍경은 단순한 시각적 아름다움을 넘어 삶과 생명의 섬세한 균형을 느끼게 한다. 이 숲은 자연이 선사하는 시적 공간이자 인간과 자연이 함께 기록한 역사이며 마음의 휴식을 선물하는 장소이기에 방문을 추천한다.

고요한 생의 품격, 자작나무의 교훈

겉모습은 흰빛으로 단아하지만 속은 치밀하고 단단하며 겨울의 매서운 바람에도 흔들림 없이 서 있는 자작나무. 매년 껍질을 벗고 새 옷을 입는 모습은 비워야 더 깊어지고 덜어내야 더 단단해진다는 자연의 지혜를 보여준다.

여름이면 은은한 그늘을 드리우고 겨울이면 눈과 어우러져 하늘을 닮은 풍경을 만드는 자작나무는 그 속에 담긴 생명력과 느긋한 시간은 우리가 흔히 지나치는 일상 속에도 조용히 스며든다. 삶이 거칠게 몰아칠 때 잠시 자작나무 숲을 떠올려 보자. 아무리 추운 계절에도 흰 나무껍질 하나로 고유한 품격을 지키는 자작나무처럼 우리도 자신만의 '자작자작'한 내면의 온기를 지켜낼 수 있기를 기원한다.

동백

8. 겨울
동백,
가슴속에 피어난
청렴과 지조

엄동설한이 기다려지는 꽃

한겨울 모든 것이 얼어붙은 계절에도 동백나무는 두려움 없이 꽃을 피운다. 눈 폭풍 사이로 불쑥 피어오른 붉은 꽃은 마치 얼어붙은 계절의 심장을 깨우듯 잿빛 겨울을 향해 뜨거운 숨결을 내뱉는다.

동백나무는 차나무과에 속한 상록수로 사계절 잎을 떨구지 않고 살아가는데 남해안의 바닷바람을 맞으며 묵묵히 푸르름을 지켜내는 모습 때문에 옛사람들은 동백을 '세한지우(歲寒之友)', 즉 '겨울에도 곁을 지켜주는 벗'이라 불렀고 모든 것이 떠나가도 홀로 남아 자신의 자리를 지키는 나무로 조선시대의 선비들은 동백을 단순한 꽃이 아니라 한 인간의 인품으로 바라보았다.

혹한을 피하지 않고 정면으로 맞받아 꽃을 피우는 태도는 고결함, 청렴, 절개를 상징한다. 그래서 동백은 화려한 영광의 순간보다 지조를 지키는 고독한 시간의 가치를 말해주는 꽃이다. 그 속에는 삶의 끝자락까지도 품위 있게 서 있으려는 태도와 가장 메마른 계절에도 생명을 포기하지 않는 의지가 담겨 있다.

동백꽃의 가루받이 과정

찬바람이 매서운 겨울, 대부분의 곤충이 사라진 계절에 동백나무는 향기가 거의 없는 꽃을 피운다. 향기로 곤충을 부를 수 없다는 것을 알고 있기에 동백나무는 눈밭 위에서도 멀리서도 또렷하게 보이는 강렬한 '붉은색'과 풍부한 '꿀'을 담은 꽃을 생존전략으로 삼았다. 이 신호에 가장 먼저 반응하는 존재는 바로 동박새와 직박구리 같은 겨울 철새들로 이들은 차가운 겨울에 먹이가 귀해질 때쯤 동백의 꽃을 찾아와 깊숙이 머리를 넣고 꿀을 빨아 먹는

다. 그 순간 새의 머리와 부리에 꽃가루가 자연스럽게 묻어나고 그 새가 다른 동백나무로 이동하며 그 꽃가루를 옮겨줌으로써 비로소 수정이 이루어진다. 동백은 새에게 꿀을 내어주고 새는 동백의 생명을 다음 세대로 이어주는 매개자가 되는 것이다. 서로 아무 대가도 요구하지 않지만, 정확히 필요한 시기에 정확히 필요한 것을 건네주는 관계. 이것이 바로 자연이 만들어낸 가장 오래된 합의이며 공생의 형식이다.

참고로 바람이 꽃가루를 옮겨주는 꽃을 '풍매화(風媒花)'라 하고 벌이나 나비가 매개하는 꽃을 '충매화(蟲媒花)'라 부르며, 새가 매개하는 꽃은 '조매화(鳥媒花)'라고 하는데 겨울에 피어나는 동백은 조매화 방식을 선택한 것이다.

변치 않는 사랑과 충절의 꽃

동백은 다른 꽃처럼 꽃잎이 조용히 흩어지며 사라지지 않는다. 스치는 바람에도 무수히 흔들리는 대신 끝까지 버티다 어느 순간 '툭' 하고 꽃 전체가 통째로 떨어진다. 기품도, 형태도 흐트러뜨리지 않은 채로 떨어지기에 동백의 낙화는 죽음이 아닌 존재의 완성으로 받아들여졌다. 한 번 마음을 준 이에게 끝까지 등을 돌리지 않는다는 상징이며, 마지막까지 스스로의 자태를 잃지 않는다는 고결함이 묻어나고, 떠나는 순간조차 자신의 아름다움을 숨기지 않고 정면으로 증명한다.

그 모습은 숙연한 침묵 속에서 피어나는 두 번째 개화로 누군가는 그 모습을 이렇게 말한다. "동백은 나무에서 한 번 피고, 땅에서 다시 피며, 사람의 가슴 속에서 마지막으로 피어난다."

절정의 순간에 모든 것을 품위 있게 내려놓는 그 자세는 덧없음이 아니라 완성의 미학, '종말이 아름다울 수 있음'을 증명하는 방식이다. 그래서 동백은 흔히 '세 번 피는 꽃'이라 불리며 고독과 품위, 그리고 끝까지 변치 않는 사랑의 상징이 되어 사람들의 마음속에 머문다.

은은한 향의 동백기름

꽃이 지고 난 여름, 동백나무에는 자두를 닮은 열매가 맺히고 가을이 되면 그 열매의 껍질이 서서히 갈라지면서 밤처럼 둥근 씨앗이 땅으로 떨어진다. 이 씨앗에서 짜낸 기름이 바로 동백기름으로 옛 여인들의 머릿결을 윤기 있게 빛내던 1등 '헤어 에센스'였다. 투명하고 부드러운 노란빛을 띠는 동백기름은 그 자체로 문화 속에 스며들어 민요에도 등장한다.

"아주까리 동백아 열지를 마라,
건넛집 숫처녀 다 놀아난다…"
"아주까리 동백아 열지를 마라,
산골에 큰 애기 난봉난다…"

이처럼 동백기름은 단순히 미용의 역할에 그치지 않았고 식용, 약용, 등잔 기름 등 다방면에서 삶을 윤택하게 했다. 특히 등불로 사용할 때는 그을음이 거의 없고 은은한 향을 내어 겨울밤 집 안을 조용히 밝히며 어둠 속에도 맑고 잔잔한 풍경을 만들어 주었다. 이처럼 동백기름은 자연이 준 선물이자 사람들의 생활 속 아름다움과 지혜, 그리고 향기를 전하는 매개체였다.

기억 속에서 다시 피어나는 꽃

필자가 어릴 적 어머니는 참빗으로 머리를 가지런히 빗고 은은한 향의 동백기름을 머릿결에 스며들게 하셨다. 단정한 뒷모습, 빛나는 머릿결, 그리고 그 속에 스며든 삶의 깊이. 그 장면은 오늘도 내 기억 속에서 마치 붉게 물든 동백꽃처럼 조용히 피어난다.

동백은 가장 차갑고 메마른 계절에 홀로 피어나고, 가장 고요한 방식으로 지며, 가장 오래도록 사람들의 마음에 남는다. 화려하지 않지만 절제된 아름다움과 묵묵하지만 결코 꺾이지 않는 강인함이 있으며 누군가의 기억 속에서 다시 피어나는 그 애틋함을 남기는 존재다.